Marcel Kehrer

Balkonkraftwerk Ratgeber

Stromrechnung senken mit Steckersolar

Energie easy selbst produzieren
Einfach energieasy.de

Der Balkonkraftwerk Ratgeber im Internet

Abonniere unseren Newsletter!
Er hält dich auf dem neuesten Stand.

INHALTSVERZEICHNIS

WAS IST EIN BALKONKRAFTWERK?

Ein Balkonkraftwerk ist eine Mini-Photovoltaikanlage, die Solarstrom für den sofortigen Verbrauch erzeugt. Sie besteht aus ein oder zwei Photovoltaikmodulen, einem Wechselrichter, Verbindungskabeln zu den Solarmodulen und einem Anschlusskabel.

Mit einem Balkonkraftwerk kannst du etwas für den deinen Geldbeutel und für den ökologischen Fußabdruck tun. Der kostenlose Solarstrom senkt deine Stromrechnung und den CO2-Ausstoß, indem er dich unabhängiger vom Stromversorger macht. Die Mini-Solaranlagen sind günstig in der Anschaffung, vom Staat durch Erlass der Mehrwertsteuer gefördert und auch für Mieterinnen und Mieter geeignet.

Auch wer kein Hausdach für eine eigene Solaranlage zur Verfügung hat - Mieter oder Eigentümer einer Wohnung - kann mit einem Balkonkraftwerk seinen eigenen Strom produzieren.
Balkonkraftwerke sind zudem recht einfach zu montieren. Für sie gelten im Vergleich zu Dach-Solaranlagen vereinfachte Vorschriften. Insbesondere darfst du sie selbst installieren, ohne Elektrofachkraft. Denn es ist simpel, sie ans Stromnetz anzuschließen:

Einfach Stecker rein und fertig! Deshalb sind sie auch als Steckersolaranlagen bekannt.

Die Balkon-Solaranlage macht sich das Prinzip zunutze, dass Strom immer von der hohen zur niedrigen Spannung fließt. Die Spannung der Anlage ist leicht höher als die Netzspannung. So fließt der Strom eben IN die Steckdose hinein.

Im Haushalt wiederum wird automatisch zuerst der selbst erzeugte Strom benutzt, bevor Strom aus dem öffentlichen Stromnetz gezogen wird.

Man kann die kleinen, ertragreichen Solaranlagen auf dem Balkon betreiben, auf der Terrasse, im Garten, auf der Garage, auf dem Carport oder wo sonst noch die Sonne hinscheint.
Ja, die meisten brauchen eine Genehmigung dafür. Aber auch das nicht zwingend. Wer mitreden kann ist eine der wichtige Fragen, die dir dieser Ratgeber kompakt beantwortet.

Weitere sind unter anderem: Wann lohnt sich ein Balkonkraftwerk? Wie schnell rentiert es sich? Was musst du beim Kauf beachten? Wie montierst du es am besten? Und wie sieht es mit Wartung und Versicherung aus?

ieser Ratgeber geht auch auf die gesetzlichen Änderungen ein, die im olarpaket I der Bundesregierung geplant sind, und wie du dich jetzt hon darauf einstellen kannst. Sie sollen Vereinfachungen für alkonkraftwerke bringen.

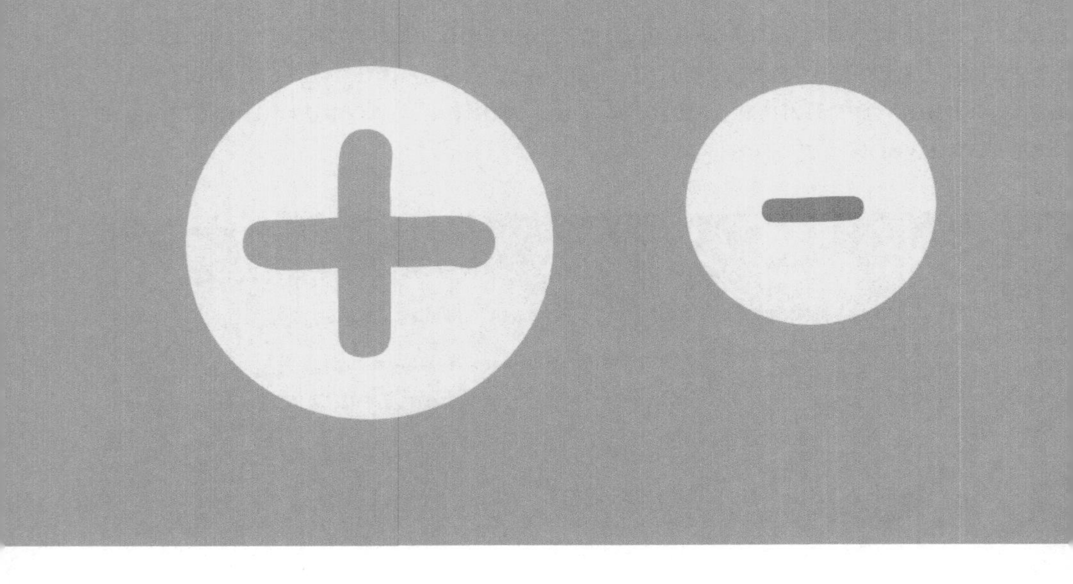

BALKONKRAFTWERK VORTEILE

- Für Mieter und Eigentümer geeignet: Auch Mieter ode Wohnungseigentümer ohne Möglichkeit für Dach-Solaranlage können mit einem Balkonkraftwerk eigenen, kostenlose Solarstrom produzieren. Drei bis fünf Kilowattstunden pro Ta sind möglich.
- Kosteneinsparungen: Steckersolaranlagen können daz beitragen, die Stromrechnung zu senken und somit langfristi Kosten zu sparen. Die laufende Grundlast eines Haushalts gewöhnlich um die 200 Watt, kann das Kraftwerk tagsübe decken - plus x.
- Geringe Investitionskosten: Balkonkraftwerke sind im Vergleic zu großen Photovoltaikanlagen relativ günstig. Ihre Preis beginnen zwischen 500 und 600 Euro.
- Seit 2023 sind die Module, Wechselrichter und Halterungen vo der Mehrwertsteuer befreit.
- Ideal für Städte: Hier wohnen viele in Miete ode Eigentumswohnungen und können mit Balkonsolaranlage dennoch etwas für Umwelt und Geldbeutel tun.
- Einfach machen: Wird das Balkonkraftwerk auf Balkon ode

Terrasse nur aufgestellt und nicht montiert, braucht man keine Genehmigung vom Vermieter oder von Miteigentümern.

- Einfache Installation: Ein Balkonkraftwerk kann auch nur mit Beschwerung und ohne Verschraubung auf Balkonen, Terrassen und auf Flachdächern aufgestellt werden.
- Platzsparend: Am Balkongeländer benötigt es keinen zusätzlichen Platz.
- Die Montage eines Balkonkraftwerks schafft man selbst, ein Elektriker ist nicht vorgeschrieben.
- Einfacher Anschluss: Das Balkonkraftwerk wird einfach in die normale Außensteckdose eingesteckt.
- Durch die Produktion von eigenem Strom können Haushalte unabhängiger von Energieversorgern werden.
- Geringer Wartungsaufwand: Balkonkraftwerke benötigen kaum Wartung und sind sehr robust. Sie können das ganze Jahr draußen bleiben und halten unsere Tiefst- und Höchsttemperaturen in der Regel aus.
- Laut TÜV, VDE und Deutscher Gesellschaft für Sonnenenergie besteht keine Brandgefahr, da die Leistung nicht ausreiche, eine häusliche Elektroinstallation zu überlasten.
- Amortisierung innerhalb weniger Jahre: Eine Balkonsolaranlage macht sich je nach Strompreis in etwa sechs bis acht Jahren bezahlt. Da es 20 Jahre oder länger hält, produziert das Balkonkraftwerk viele Jahre komplett kostenlosen Strom. Eventuell muss mal der Wechselrichter ersetzt werden.
- Das Balkonkraftwerk kannst du bei einem Umzug mitnehmen.

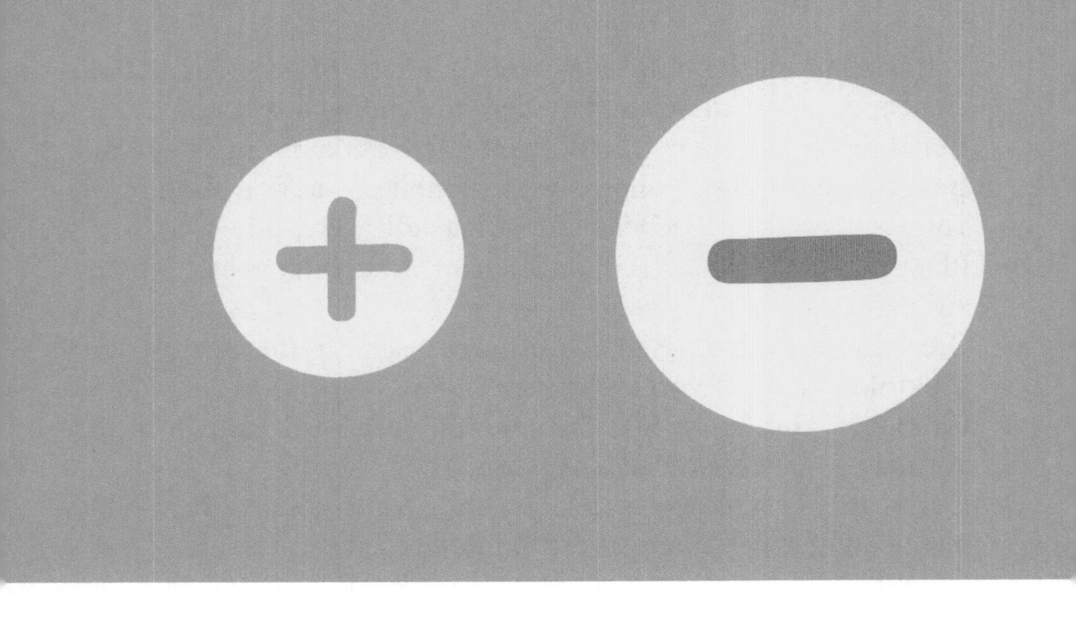

BALKONKRAFTWERK NACHTEILE

- Vermieter und Miteigentümer können mitreden: Für eine feste Installation musst du den Vermieter oder die Eigentümergemeinschaft um Genehmigung bitten.
- Eingeschränkte Leistung: Balkonkraftwerke haben aufgrund ihrer kleineren Fläche eine geringere Leistung als Dachsolaranlagen und können nur begrenzte Mengen an Strom erzeugen.
- Strom wird nur tagsüber produziert und muss da auch verbraucht werden.
- Kein kompletter Ersatz für bezahlten Netzstrom.
- Speicherlösungen für den erzeugten Strom erhöhen die Investitionskosten enorm.
- Abhängigkeit von den Wetterbedingungen: Sie bringen ihre Leistung abhängig davon, wie sehr die Sonne scheint. An Tagen mit schlechtem Wetter oder eher wenig Sonneneinstrahlung liefern sie weniger Strom.
- Kein Geld für Netzeinspeisung: Erzeugt das Balkonkraftwerk mehr Strom, als du aktuell verbrauchst, verschenkst du den überschüssigen Strom an deinen Netzbetreiber. In dessen Netz

wird er eingespeist, eine Vergütung über EEG-Förderung lohnt sich aber nicht und wird daher nicht vereinbart.

- Für ländliche Haushalte möglicherweise uninteressant: Hier hat man oft Häuser, größere Garagen oder Lagerschuppen, auf denen sich große Photovoltaikanlagen mehr lohnen - für den Eigenverbrauch und die bezahlte Einspeisung.
- Ist die Hauptmotivation, etwas für die Umwelt zu tun und gerne noch eine Rendite mitzunehmen, kann es zielführender sein, sich an einem Solarpark oder einer Energiegenossenschaft zu beteiligen.

LOHNT SICH EIN BALKONKRAFTWERK?

Ein Balkonkraftwerk macht dich unabhängiger von steigende Strompreisen und kann dir über 100 Euro Ersparnis im Jahr bringen Der Umwelt erspart es im gleichen Zeitraum hunderte Kilo CO^2 Emissionen.

Dieses Kapitel zeigt dir das Potential und eine Beispielrechnung, dami du herausfindest: Wie sehr lohnt sich eine Steckersolaranlage, wan rentiert sie sich?

Verbraucht dein Haushalt von 600 produzierten Kilowattstunden 40 selbst, sparst du bei einem Strompreis von 35 Cent pro Kilowattstund 140 Euro im Jahr. Nach sechs Jahren hat sich ein Balkonkraftwerk mi 800 Euro Anschaffungskosten in dieser Beispielrechnung amortisie und liefert noch viele Jahre kostenlosen Solarstrom.

Auch ein Check mit dem Stecker-Solar-Simulator der Hochschule fü Technik und Wirtschaft (HTW) Berlin liefert ähnliche Werte. Hier kan man einige Parameter feinjustieren.

as spart eine Familie

nsere Beispielfamilie: Ein Drei-Personen-Haushalt

500 Watt Balkonkraftwerk für 800 Euro
montiert am Balkon mit optimaler Süd-Ausrichtung
70 Grad Neigungswinkel – also nicht ganz gerade, sondern etwas
kippt

ieser Haushalt kann laut Stecker-Solar-Simulator mit seinem alkonkraftwerk rund 117 Euro Stromkosten im Jahr sparen – bei ırchschnittlichem Verbrauch und einem Strompreis von 35 Cent pro ilowattstunde.

ach sieben Jahren hat sich die Anlage amortisiert. Gut ein Siebtel ines Stromverbrauchs erzeugt dieser Haushalt mit den Solarmodulen lbst.

lit einem voraussichtlich bald erlaubten 800-Watt-Balkonkraftwerk ım selben Preis steigt die Stromerzeugung pro Jahr und die jährliche rsparnis in der Rechnung. Du kannst bei sinkender Bedeutung der)0-Watt-Balkonkraftwerke davon ausgehen, dass diese günstiger erden und du den bisherigen Preis eher für 800-Watt-Modelle zahlst. eide Varianten werden also rentabler.

en Stecker-Solar-Simulator findest du hier:
tps://solar.htw-berlin.de/rechner/stecker-solar-simulator/

Wie lange halten die PV-Module?

Photovoltaikmodule halten mehrere Jahrzehnte. 30 Jahre Lebensdaue sind kein Problem, so das PV-Netzwerk Baden-Württemberg Mindestens 20 Jahre läuft oft die Garantie, die Hersteller für ihr Module geben. Wechselrichter halten etwa 10 Jahre durch, können abe recht einfach ausgetauscht werden.

Das PV-Netzwerk berichtet von einer der ältesten Photovoltaik Anlagen in Deutschland. 1976 wurde sie installiert. Nach 35 Jahren la die im Labor gemessene Leistung der Module gerade mal vier Prozen unter der Ursprungsleistung.

Weniger CO2-Ausstoß

Für die Umwelt tust du auch etwas: Bei 600 Kilowattstunde Solarstrom ergibt sich eine CO^2-Reduktion von rund 390 kg pro Jah bzw. rund 2,3 Tonnen in sechs Jahren (646g CO^2-Vermeidung pro kW gegenüber fossiler Erzeugung, Quelle: Umweltbundesamt). Auch wenn du nur 400 kWh verbrauchst. Denn der überschüssige Strom geht ins allgemeine Netz, leider halt unbezahlt.

Eine Einspeisevergütung bei Balkonkraftwerken gibt es wegen der geringen Menge angesichts der Auflagen nicht. Aber du trägst tatsächlich zur dezentralen Energieerzeugung bei.

Den Energieaufwand für seine Herstellung hat ein PV-Modul bereits nach etwa zwei Jahren amortisiert.

Strom für den Sofortverbrauch

Je mehr Strom tagsüber verbraucht wird – etwa durch Homeoffice, Haushaltsgeräte oder eine Wärmepumpe – umso mehr nutzt du das Balkonkraftwerk aus.

Die Amortisierungszeit eines Balkonkraftwerks hängt also mit davon ab, wann du wie viel Strom verbrauchst. Außerdem von weiteren Faktoren wie Preis und Qualität der Komponenten, Strompreis und natürlich Aufstellort und Ausrichtung. Mit einem Balkon Richtung Süden oder Südwest bist du im Vorteil. Der Wirkungsgrad des Wechselrichters spielt auch eine Rolle.

Für größere Haushalte rentabler

Ein-Personen-Haushalte verschenken viel von der erzeugten Energie: Bis zu 29 Prozent im Jahr, ergab eine Studie der Arbeitsgruppe PV-Systeme im Forschungszentrum Energie- und Gebäudetechnologie der Hochschule Rosenheim zusammen mit der Deutschen Gesellschaft für Sonnenenergie.

Bei einer vierköpfigen Familie landen hingegen nur vier Prozent des Solarstroms aus dem Balkonkraftwerk ungenutzt im allgemeinen Stromnetz. Du kannst deinen Stromverbrauch tagsüber einfach mal messen oder bewusst beobachten. Und schauen: Scheint zu dieser Zeit die Sonne auf deinen Balkon oder deine Terrasse?

Deinen Stromverbrauch kannst du mit Zwischenzählern für die Steckdose messen oder mit smarten Steckdosen, die zusätzlich eine Energiemessfunktion haben. Sie übermitteln den Verbrauch des angeschlossenen Geräts über WLAN an eine App. Checke damit einfach mal die wichtigsten Verbraucher durch.

Solarstrom auch bei schlechtem Wetter

Die Studie zeigt auch, dass über das ganze Jahr hinweg eine Wahrscheinlichkeit besteht, Strom zu verschenken. Was umgekehrt bedeutet: Die Solaranlage liefert nicht nur im Sommer sondern auch in tristeren Jahreszeiten oft mehr als genug Strom. Insbesondere zur Mittagszeit. Diesen Effekt kannst du noch steigern, wenn du Solarmodule mit mehr als 600 Watt Leistung kaufst. Die holen mehr raus aus dem vorhandenen Licht. Der Wechselrichter sorgt dafür, dass du immer im erlaubten Bereich bleibst.

Die höhere Unabhängigkeit vom Stromversorger ist natürlich ein weiterer, angenehmer Effekt. Erhöhen Anbieter plötzlich den Preis für die Kilowattstunde, freut man sich über die eigene Stromproduktion. Laut dem Statistischen Bundesamt sind die Energiepreise von August 2021 bis August 2022 um 35,6 Prozent gestiegen.

Lange Zeit hatten Mieter keine Möglichkeit, ihre Energiekosten durch Photovoltaik selbst zu reduzieren. Der Vermieter bestimmte, ob eine Photovoltaikanlage auf das Dach kam. Seit es Balkonkraftwerke gibt, sieht das anders aus. Allerdings ist die Erlaubnis des Vermieters nötig, je nach Installationsart.

lternative zur Dach-PV-Anlage?

ogar, wenn ein ganzes Dach zur Verfügung steht, kann eine Mini-PV-nlage am Balkon, im Garten oder auf der Garage die kleinere lternative zu der großen Photovoltaikanlage sein. Zum Beispiel, wenn u am Verkauf von Strom von deinem Dach - wovon man eh nicht ich wird - nicht so interessiert bist.

uch der Strom der Dachanlage entsteht natürlich tagsüber. Da nutzt er ir aber wenig, wenn du ihn nicht speichern oder verbrauchen kannst – eil dein Elektroauto erst abends nach Feierabend geladen wird, ihr rst abends dazu kommt, die Wäsche in die Waschmaschine zu stecken, nd auch Geschirrspüler, Fernseher und sonstige Geräte erst nach inbruch der Dämmerung laufen.

lar, bei großen PV-Anlagen bekommst du überschüssigen Strom, der s allgemeine Netz geht, vergütet. Aber dafür kostet die Anlage auch esentlich mehr! Vor allem mit Speicher. Es dauert länger, bis sie sich mortisiert hat. Überlege einfach, was du tagsüber an Strom ziehst. Die rundlast kann auch mit einer Balkon-Solaranlage womöglich eitweise kostenneutral laufen.

Die Dachanlage wird bei größerem Verbrauch interessant, mit Elektroauto und ggf. mit einer Speicherlösung.

Strom-Überschuss einspeichern

Willst du überschüssigen Strom aus deinem Balkonkraftwerk nicht ins Netz abgeben, sondern speichern, erhöhen sich die Investitionskosten wegen der nötigen Speicherbatterie deutlich.

Es sind aber entsprechende Speicherlösungen für Balkonkraftwerke auf dem Markt, beispielsweise EcoFlow, SolarFlow, SolMate oder Anker. Mehr dazu später in diesem Ratgeber.

GENEHMIGUNG

nabhängiger bei der Energieversorgung werden und Stromkosten aren: Mit einem Balkonkraftwerk können das auch Mieter, die keine öglichkeit haben, eine große Photovoltaik-Anlage auf dem Dach zu stallieren. Auch Wohnungseigentümern helfen Steckersolaranlagen, e Stromrechnung zu senken.

eide brauchen aber eine Genehmigung: Vermieter und gentümergemeinschaft können mitreden und ablehnen. Doch auch ne Zustimmung gibt es einen Weg zum kostenlosen Solarstrom.

rst Vermieter fragen

ieter, die eine Balkonsolaranlage fest installieren wollen, benötigen s Einverständnis ihres Vermieters - auch wenn das Anbringen von bjekten am Balkon nicht explizit im Mietvertrag verboten ist. Das hre Ziel, sich an der Energiewende beteiligen zu wollen, rechtfertigt ine ungenehmigte Montage.

„Üblicherweise ist im Mietvertrag vereinbart, dass eine baulich Veränderung in der Wohnung oder auf dem Balkon grundsätzlich de Zustimmung des Vermieters bedarf", sagt Andreas Breitner, Direkto des Verbands norddeutscher Wohnungsunternehmen (VNW). „Di Installation einer Photovoltaikanlage, und darum handelt es sich be den sogenannten Balkonkraftwerken, ist eine bauliche Veränderung. E liegt im Ermessen des Vermieters, ob er dem Wunsch der Mieterin bzw des Mieters zustimmt oder nicht."

Der Verband norddeutscher Wohnungsunternehmen rät alle Mieterinnen und Mietern, die Interesse an einem Balkonkraftwer haben, vorher Kontakt zu ihrem Vermieter aufzunehmen und sich ein Zustimmung einzuholen. „Das vermeidet Streit, Ärger und erheblich Kosten, wenn eine installierte Anlage zurückgebaut werden muss."

Eigentümergemeinschaft muss zustimmen

Wohnungseigentümer dürfen wie Mieter nicht einfach ei Balkonkraftwerk an den Balkon oder an die Fassade schrauben. Di Eigentümergemeinschaft kann mitreden, wenn du eine von auße sichtbare Mini-PV-Anlage montieren willst.

Einstimmigkeit ist dafür seit der Änderung de Wohneigentumsgesetzes 2020 nicht mehr nötig, so di Verbraucherzentrale NRW, sondern nur noch eine mehrheitlich Erlaubnis.
Wohnungsvermieter, die von ihrem Mieter um die Genehmigung eine Balkon-Solaranlage gebeten werden, müssen die Miteigentüme ebenfalls fragen.

Gericht bestätigt Recht auf Ablehnung

Wohnungseigentümer haben keinen Anspruch auf Zustimmung z einem Balkonkraftwerk. Das hat auch das Amtsgericht Konstanz i einem Urteil vom Februar 2023 bestätigt (AZ 4 C 425/22 WEG).

Zwei gemeinsame Eigentümerinnen einer Wohnung hatten ihrem Mieter erlaubt, ein Balkonkraftwerk zu installieren. Sie waren der Meinung, die Solarmodule fallen an der Fassade mit all den unterschiedlichen Markisen und Balkonkästen nicht ins Gewicht. Die Eigentümerversammlung störte sich jedoch mehrheitlich daran und forderte den Abbau.

Das Gericht urteilte: Die Montage einer Photovoltaikanlage auf dem Balkon stelle eine nicht privilegierte bauliche Veränderung dar, die der Zustimmung der anderen Wohnungseigentümer bedürfe.

Matthias Weyland aus Kiel, Mieter einer Wohnung, versuchte seit November 2022 ebenfalls, ein Balkonkraftwerk zu installieren. Bei ihm sei „der Eindruck entstanden, dass Haus & Grund bewusst versucht, unser Anliegen mit absurden Forderungen und Nachweisen zu verzögern“, berichtete der Mieter. Zunächst habe die Hausverwaltung die Anbringung aus optischen Gründen untersagt. Dann sei unter anderem ein Gutachten zur Statik des Balkons, ein Brandschutz-Gutachten und die Prüfung der gesamten Hauselektrik verlangt worden.
Als auch Weyland schließlich mit einer Klage um seine Steckersolaranlage kämpfte, gab die Vermieterin ihren Widerstand per Anerkenntnisurteil auf.

Zustimmung auch nach Gesetzesänderung nötig

Durch die geplanten Vereinfachungen für Balkonkraftwerke, die das Bundeskabinett auf den Weg gebracht hat, fällt die nötige Zustimmung der Hauseigentümer nicht weg.

Der Entwurf, der noch durchs Parlament muss, löse nicht „das Dilemma, dass viele Vermieterinnen und Vermieter die Installation eines Balkonkraftwerkes aus fadenscheinigen Gründen ablehnen“, bestätigt Dirk Legler, Rechtsanwalt und Partner bei Rechtsanwälte Günther. „Ein Balkonkraftwerk sollte nur aus sachlichen Gründen abgelehnt werden dürfen und genau danach sollten sich Vermieterinnen und Vermieter richten“.

Zusammen mit der Deutschen Umwelthilfe (DUH) strebt Anwalt Legler ein Grundsatzurteil an. DUH-Bundesgeschäftsführerin Barbara Metz fordert vom Bundesjustizministerium, „jetzt im Turbo die Anbringung von Balkonsolarmodulen als privilegierte Maßnahme im Sinne des Klimaschutzes in Gesetzesform zu gießen".

Außerdem soll der Rechtsstreit Klarheit bringen, „welche Anforderungen an Mieterinnen und Mieter bei der Anbringung gestellt werden können oder eben auch nicht". Daher unterstützte die Deutsche Umwelthilfe den oben zitierten Wohnungsmieter aus Kiel bei der Klage auf Genehmigung eines Balkonkraftwerks.

Denkmalschutz und Photovoltaik

In manchen Städten verbieten Gestaltungs- oder Stadtbildsatzungen Photovoltaikmodule – meist in historischen Altstädten, aus Denkmalschutzgründen. Doch angesichts der Energiewende gibt es Bewegung: So haben zum Beispiel Passau und die Welterbestadt Regensburg das Verbot von Solaranlagen aus ihren Stadtbild- und ıltstadtschutzsatzungen gestrichen. Die Genehmigung ist somit rundsätzlich möglich, bleibt aber eine Entscheidung im Einzelfall.

ıuf Landesebene hat zum Beispiel Bayern sein Denkmalschutzgesetz eändert, zugunsten von Solaranlagen. Die können nur noch verboten verden, wenn Denkmalschutz-Bedenken den Energieaspekt berwiegen und man keine Lösung für eine passende Umsetzung indet. Solche Schritte helfen wiederum Kommunen, solche Anlagen u genehmigen, bzw. setzen sie dahingehend unter Druck.

'arbige Module als mögliche Lösung

:ine Lösung bei Denkmalschutzbedenken könnten farbige PV-Module ein. Bisher musste man damit hohe Einbußen beim Wirkungsgrad in auf nehmen. Das Fraunhofer-Institut für Solare Energiesysteme ISE at aber eine Farbtechnologie für PV-Module entwickelt, mit der sie veiterhin mindestens 90 Prozent des Stroms produzieren. Im Frühjahr 023 erreichte die MorphoColor-Farbtechnologie die Marktreife und ing in die industrielle Anwendung.

Vie überzeuge ich Vermieter oder Aiteigentümer?

Venn du die Vermieterin, den Vermieter oder die igentümerversammlung um die Genehmigung eines alkonkraftwerks bittest,, dürfte insbesondere der Aspekt Sicherheit ählen. Betone, dass keine Brandgefahr von einer Mini-Solaranlage usgeht. Ein zeitgemäßes Haus- oder Wohnungsnetz wird vom alkonkraftwerk nicht überlastet. Maximal 600 Watt sind bislang rlaubt, das leisten auch andere Haushaltsgeräte. Betone auch, dass du ine Haftpflichtversicherung hast, für alle Fälle.

in weiteres Argument sind auch hohe Strompreise und der Wunsch, inen Beitrag zur politisch gewollten Energiewende leisten zu wollen. llerdings: Das Amtsgericht Konstanz hat im Streit um ein alkonkraftwerk nicht einmal der Verweis auf Art. 20a Grundgesetz

überzeugt. Dieser besagt, dass das Einsparen von Energie Staatsziel se
und überragenden öffentlichen Interessen diene.

Wie der Vermieter oder die Eigentümergemeinschaft die optisch
Veränderung des Gebäudes durch die geplanten Solarmodule bewertet
hängt natürlich vom ästhetischen Empfinden der Beteiligten ab
Möglicherweise überzeugst du, wenn dein Balkonkraftwerk ohn
bleibende Schäden wieder demontierbar ist. Du kannst auch auf ei
Urteil des Amtsgerichts Stuttgart zum Streit um ein Balkonkraftwer
verweisen (mehr dazu gleich). Da ging es allerdings um aufgestellt
und nicht fest montierte Module.

Letztlich wirst du die Entscheidung des Vermieters oder de
Eigentümergemeinschaft akzeptieren müssen. Selbst wenn die Politi
Balkonkraftwerke irgendwann weiter privilegieren würde, es also nich
mehr so einfach ginge, sie ganz zu verbieten: Wo und wie d
installierst, müsstest du dir wohl immer noch je nach ästhetischen
Gusto der Hausbesitzer vorschreiben lassen.

Balkonkraftwerk ohne Genehmigung aufstellen

Bekommst du vom Vermieter oder der Eigentümergemeinschaft kei
grünes Licht für die Installation eines Balkonkraftwerks, bedeutet da
nicht das Ende deiner Solarpläne.

Du kannst die Solarmodule auch einfach auf dem Balkon oder de
Terrasse aufstellen. Entscheidend ist, dass sie nicht fest am Hau
montiert sind, sondern auf einem Gestell angebracht sind. Daran kanns
du auch den Wechselrichter montieren.

;ericht gibt Mieter recht

as Amtsgericht Stuttgart hat im März 2021 einem Mieter Recht ;geben, dessen Vermieterin vom ihm die Beseitigung einer ıfgestellten Balkonsolaranlage verlangt hatte (AZ 37 C 2283/20).

ie Module waren nicht fest am Haus installiert, sondern auf eine olzkonstruktion geschraubt. Das Gericht urteilte, dem Mieter stehe n Duldungsanspruch auf Genehmigung zu. Vorausgesetzt, die Anlage t fachgerecht installiert.

in Mieter kann seinen Balkon „für seine Zwecke unter erücksichtigung der gegenseitigen Rücksichtnahme gegenüber ermieter und Nachbarn“ nutzen, so das Amtsgericht Stuttgart. Das :deutet: Stellst du die Stecker-Solaranlage nur auf, kann man sie dir benso wenig versagen wie eine Hollywoodschaukel oder ähnliche löbel.

ine gewitzte Möglichkeit: Baue das Modul doch einfach mit vier

Beinen als Esstisch auf. Den kann dir niemand verbieten. Wenn du ih wirklich mal benutzt, wirf eine Tischdecke darüber.

Kritisch sah das Gericht im Stuttgarter Fall lediglich, dass di gewonnene Energie über einen Lichtschalter in das Stromnet eingespeist wurde. So eine Installation sei eine bauliche Veränderung für die es die Zustimmung der Vermieterin gebraucht hätte. Di Richterin verwies auch auf ein älteres Urteil des Amtsgericht München, das bereits 1990 eine Solaranlage auf einer Terrasse zur rechtmäßigen Gebrauch gezählt hatte.

Freilich bringt eine Installation außen am Balkongeländ möglicherweise mehr Sonneneinstrahlung und Stromertrag. Acht daher auf den Schattenwurf auf deinem Balkon oder der Terrasse. Lieg auch nur ein Teil des Moduls im Schatten, kann es sein, dass de aktuelle Ertrag schon um die Hälfte sinkt.

MUSTERSCHREIBEN AN DEN VERMIETER

Nutze unsere kostenlose Vorlage, um deine Vermieterin oder deinen Vermieter unkompliziert und überzeugend um die Genehmigung zu bitten! Du kannst das Musterschreiben natürlich auch für eine Eigentümerversammlung verwenden.

Anfrage um Genehmigung einer Balkon-Solaranlage

Sehr geehrte/r Frau/Herr

ich wende mich als Ihr Mieter / Ihre Mieterin in der XXX-Straße Y in ZZZ an Sie. Hiermit möchte ich Sie um Ihre Zustimmung für ein so genanntes Balkonkraftwerk bitten.

Möglicherweise haben Sie auch schon von den modernen Stromerzeugungsgeräten gehört, sie sind auch als Mini-Photovoltaikanlagen oder Steckersolargeräte bekannt. Die

Bundesregierung hat die Geräte seit Jahresbeginn 2023 von der Mehrwertsteuer freigestellt, um ihre Verbreitung zu fördern. Damit sollen auch Mieter ohne Möglichkeit für eigene Dachanlagen Solarstrom für ihren Haushalt produzieren, Stromkosten sparen und einen Beitrag zur notwendigen Energiewende leisten können. Der Umweltschutz ist in Artikel 20a des Grundgesetzes als Staatsziel verankert.

Die Anlagen sind grundsätzlich genehmigungsfrei, man muss sein Gerät nur behördlich anmelden, was ich selbstverständlich tun werde. Da ich die Solarmodule für eine gute Sonneneinstrahlung gern am Geländer anbringen möchte, ist Ihr Einverständnis nötig. Die Befestigung erfolgt mit Halterungen, die das Geländer umgreifen und nicht beschädigen. Es wird nicht in die Gebäudesubstanz eingegriffen. Elektrische Installationen sind auch nicht notwendig. Das Gerät wird einfach in die Außensteckdose gesteckt.

Balkon-Solargeräte sind ungefährlich: Es besteht laut TÜV und Deutscher Gesellschaft für Sonnenenergie kein erhöhtes Brandrisiko im Vergleich zu anderen Haushaltsgeräten. Dafür reicht ihre Energie nicht aus. Für alle Fälle verfüge ich jedoch auch über eine Haftpflichtversicherung.
(Quelle: https://www.presseportal.de/pm/65031/5493590, https://www.dgs.de/service/solarrebell/faq/)

Bis zu 20 Prozent des jährlichen Stromverbrauchs kann ein Balkon-Solargerät decken. Weitergehende Informationen können Sie zum Beispiel auf https://energieasy.de lesen.

Alle nötigen Instandhaltungs- und Wartungsarbeiten werden regelmäßig, fachgerecht und auf eigene Kosten durchgeführt.

Ich würde mich sehr freuen, wenn Sie uns Ihr Einverständnis zukommen lassen würden und meine Familie / ich damit die Möglichkeit hätte, einen Teil der spürbar gestiegenen Energiekosten durch Eigenversorgung sparen zu können.

Für Rückfragen stehe ich Ihnen gerne zur Verfügung.

Herzlichen Dank vorab und beste Grüße

XYZ

Datum

Dieses Musterschreiben findest du auch hier auf energieasy.de

Hast du vor, die Module nicht aufzuständern, sondern flach – also „plan“ – am Balkongeländer anzubringen, ergänze das. Es könnte den Vermieter überzeugen, dass die Anlage gar nicht so auffällig ist.

BALKONKRAFTWERK KAUFEN

Beachte beim Kauf von Modulen und Zubehör diese Kriterien, dami dein Balkonkraftwerk ertragreich und sicher Solarstrom für dic produziert!

Die Komponenten werden als Balkonkraftwerk-Komplettsets, abe auch einzeln verkauft. Wenn du sie gleich mit den Solarmodule kaufst, bezahlst du auf alles keine Mehrwertsteuer. Denn au Balkonsolaranlagen entfällt seit 2023 die Mehrwertsteuer.

Auf Qualität und Siegel achten

Beim Kauf eines Balkonkraftwerks sollten ein paar Kriterien beachte werden. Zum einen ist es wichtig, dass das Balkonkraftwerk zur Größ des Balkons oder der Terrasse passt und genügend Strom für de eigenen Bedarf liefert. Zudem sollte darauf geachtet werden, dass da Balkonkraftwerk eine Zertifizierung hat und somit den Norme entspricht.

in sicheres Balkonkraftwerk erkennst du am TÜV-Zertifikat, am CE-
eichen und am Siegel der Deutschen Gesellschaft für Sonnenenergie
)GS). Auch die Garantieleistung sollte berücksichtigt werden, 15-20
.hre ist üblich.

n seriösen Online-Shops kaufen

'egen der hohen Nachfrage auf dem deutschen Markt greifen Käufer
ıch auf Angebote aus dem europäischen Ausland zurück. Und leider
nd auch wieder unseriöse Online-Shops am Werk, die den
erbraucherinnen und Verbrauchern das Geld aus der Tasche ziehen
ıd nicht liefern. Daher Vorsicht – und einen unbekannten Shop z.B.
ɔer das Impressum checken.

1aterialliste

ier eine beispielhafte Materialliste für ein komplettes
alkonkraftwerk mit allen Komponenten:

- 2 Solarmodule, je 400W mit 12 Jahren Produktgarantie und 25 Jahren Leistungsgarantie
- 1 Wechselrichter 600W (VDE 4105 mit 10 Jahren Garantie)
- Halterung für Balkongeländer: Es gibt starre Halterungen oder flexible, auch Aufständerung genannt, die einen Neigungswinkel erlauben. In der Regel mit Balkonhaken, Trägern und Profilen aus Aluminium.
- Betteri BC01 Buchse und Endkappe
- 2 Verlängerungskabel von den Solarmodulen zum Wechselrichter mit 1,5 Meter Länge, 4 mm² mit MC4-Steckern
- 1 Netzanschlusskabel mit 5 Meter Länge Betteri BC01 auf Schuko-Stecker 3 x 1,5 mm²
- Kabelbinder

Es ist wichtig, dass alle Komponenten aufeinander abgestimmt sin
und den geltenden Normen entsprechen, um eine sichere und effizien
Stromerzeugung zu gewährleisten.

Optional – falls der Wechselrichter die Daten nicht ohnehin per WLAN in eine App sendet - kannst du noch ein Strommessgerät oder eine smarte Steckdose mit Strommessfunktion dazwischen stecken. Dann siehst du, wie viel Strom aus deinem Balkonkraftwerk ins Netz kommt.

Schuko-Stecker oder Wieland-Stecker?

Du kannst ein Balkonkraftwerk mit normalem Stecker kaufen, de
Schuko-Stecker (Schutzkontakt-Stecker). Oder eben ein Stromkab
mit einem solchen, falls du die Komponenten einzeln besorgst.

Sollte dir jemand erklären, dass du statt des herkömmlichen Stecke
einen so genannten Wieland-Stecker brauchst und somit zwingen
einen Austausch deiner Außensteckdose, dann ist diese Person nic
auf dem neuesten Stand.

Ja, der Elektrotechnik-Verband VDE spricht sich bislang bislan
offiziell für den Wieland-Stecker aus. An dem liegen die Kontak
nicht frei. Diese Steckdose muss eine Elektrofachkraft einbauen.
Doch der Verband rückt inzwischen davon ab. In einem Positionspapi
vom Januar 2023 zu möglichen Vereinfachungen bei steckerfertige
Mini-Energieerzeugungsanlagen zeigt er seine Bereitschaft, künft
auch den Schuko-Stecker zu dulden.

Zuvor hatte bereits Klaus Müller, Präsident der Bundesnetzagentur, au
X (ehemals Twitter) geschrieben:

> "Bei Balkon #Solarmodulen reicht nach @BNetzA Einschätzung ein einfacher #Stecker, wenn zertifizierte #Wechselrichter vorhanden sind."

Der Verbraucherzentrale Bundesverband unterstützt den Vorstoß. Wichtig ist laut Energiewirtschaftsgesetz generell die „technische Sicherheit“ der Energieanlage.

Einzelne Förderprogramme, bei denen zum Beispiel Kommunen Zuschüsse zu Balkonkraftwerken geben, schreiben in den Förderbedingungen einen Wieland-Stecker vor. Dann kannst du dir überlegen, ob du das angesichts des Geldes tun willst, das dir natürlich bei der Amortisation der Anlage hilft. Es gibt auch einzelne Stromnetzbetreiber, die für die Anmeldung der Balkon-Solaranlage einen Wieland-Stecker verlangen.

SOLARMODULE: ELEGANZ ODER EFFIZIENZ?

Die Solarmodule deines Balkonkraftwerks wandeln Sonnenlicht in elektrische Energie um. So tragen sie zur Reduzierung deiner Stromrechnung bei und zur Verringerung deines ökologischen Fußabdrucks. Silizium ist das gängigste Material für Solarzellen.

An einem freundlichen Tag ohne Wolken kann die Sonne bei uns eine Strahlungsenergie von etwa 1.000 Watt pro Quadratmeter liefern. Rund ein Fünftel dieser Energie wandeln die aktuell am Markt erhältlichen Solarzellen im Modul in elektrischen Strom um.

Ihr Wirkungsgrad beziehungsweise ihre Effizienz liegt damit bei gut 20 Prozent. Solarmodule mit diesem Wert oder höher sind also in Ordnung. Einen Wirkungsgrad über 30 Prozent wirst du bei Siliziumzellen wohl nicht finden. Alternativen sind erst in der Erforschung, erreichen ähnliche Wirkungsgrade bislang nicht oder sind nicht so langlebig.

Bifazial? Full Black? Glas-Glas? Hier liest du, welche Module es gibt.

ifaziale Module

ifaziale Photovoltaikmodule, auch als bifacial (zweigesichtig) ezeichnet, sind beidseitige Module. Sie können sowohl direktes onnenlicht als auch – über die Rückseite – zusätzlich Umgebungslicht nd Reflexionen in elektrische Energie umwandeln.

ie sind damit ideal, wenn du sie auf reflektierenden Oberflächen stallierst oder frei stehend, etwa auf Garagen, Carports, auf der errasse oder im Garten.
ann können sie bei diffusem Licht, wenn also die Sonne nicht direkt uf die Module scheint, noch etwas mehr Energie für dich herausholen.

ifaziale Module können deinen Ertrag um 10 bis 30 Prozent im ergleich zu herkömmlichen einseitigen Modulen steigern, abhängig on den örtlichen Bedingungen und der Installation.

ie beidseitigen Solarmodule können auch dazu beitragen, morgens nd abends mehr Solarstrom zu produzieren. Sie können sowohl am lorgen die im Osten aufgehende Sonne als auch gegen Abend das onnenlicht aus Westen in Energie umwandeln. Das ist für dich und ein Balkonkraftwerk interessant, wenn du zu diesen Tageszeiten erstärkt zuhause bist.

ull-Black-Module

Venn du großen Wert auf ein ästhetisches, unauffälligeres Design gst, sind möglicherweise Full Black Module das Richtige für dich.

ie sind einheitlich schwarz oder dunkel, da sowohl die Solarzellen als uch die Hintergrundschicht und der Rahmen in dieser Farbe gehalten nd.

ie dunkle Oberfläche von Full Black Modulen minimiert Reflexionen nd Blendeffekte, was sicherlich die Nachbarn freut. Normale, blaue olarmodule reflektieren das Sonnenlicht oft mehr.

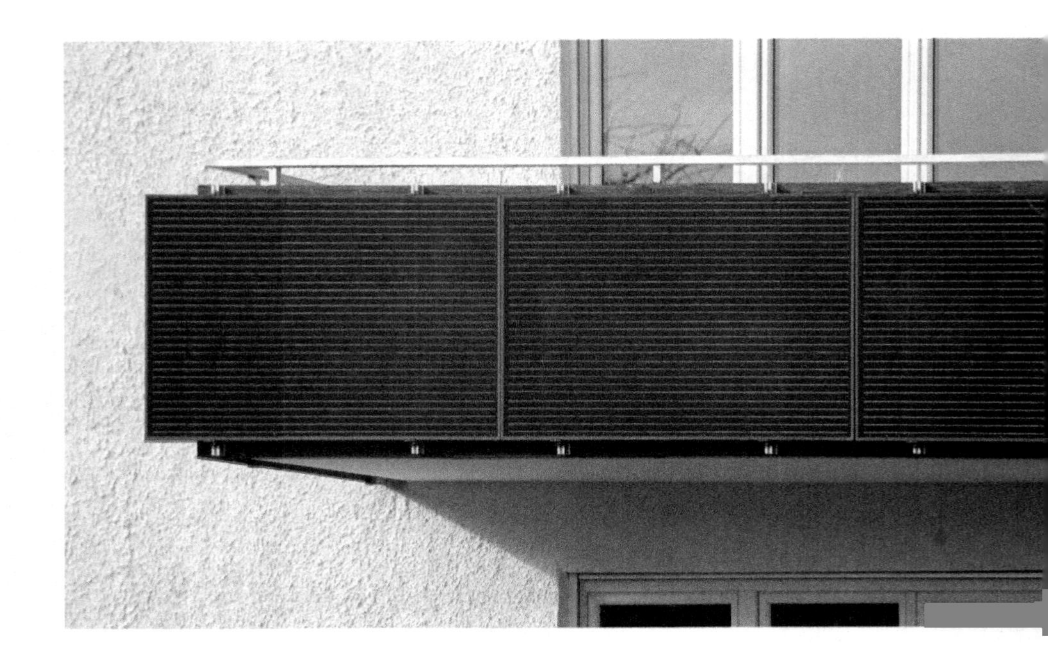

Die dunkle Farbe kann dazu führen, dass sich Full Black Solarmodul stärker aufheizen. Ein Nachteil, denn eine etwas höher Betriebstemperatur kann die Leistungsfähigkeit beeinträchtiger Außerdem kosten Full Black Module in der Regel mehr al herkömmliche Module, da sie speziell in Bezug auf Design und Opti entwickelt wurden. Normale Module sind oft kostengünstiger, was si zu einer wirtschaftlicheren Option macht.

Glas-Glas-Module

Bei Glas-Glas-Solarmodulen ist die Ober- und Unterseite des Modul aus Glas, ebenso wie die Zwischenschicht, die die Solarzellen abdeck Diese Module sind besonders widerstandsfähig und stabil. Allerding kosten sie etwas mehr.

Glas ist chemisch stabil und widersteht Verwitterung, Feuchtigkei UV-Strahlung und Temperaturschwankungen besser al Kunststofffolien, die in herkömmlichen Solarmodulen verwende werden. Die Glas-Glas-Konstruktion macht dein Balkonkraftwer iderstandsfähiger gegenüber mechanischen Belastungen wie :hneelasten, Windlasten und Hagel.

las hat eine bessere Wärmeleitfähigkeit als Kunststofffolien. Dadurch ird Wärme effizienter aus den Solarzellen abgeleitet, was die eistung und Effizienz der Module verbessert.

Ionokristalline und polykristalline Module

Iöglicherweise begegnen dir in Angeboten die Begriffe onokristalline (einkristalline) oder polykristalline (multikristalline) Iodule. Letztere sind etwas günstiger, können aber etwas weniger :rom pro Quadratmeter produzieren. In der Langlebigkeit gibt es :ine signifikanten Unterschiede.

Ionokristalline Solarzellen werden aus einkristallinen Siliziumwafern :rgestellt. Die aus dem Siliziumblock gesägten Wafer-Scheiben :stehen aus einem homogenen Kristallgitter, was Energieverluste inimiert.

ɔlykristalline Siliziumblöcke – und damit die daraus gesägten liziumscheiben für die Solarzellen – lassen sich im Vergleich zu onokristallinen Blöcken kostengünstiger herstellen. Sie bestehen lerdings aus vielen einzelnen, miteinander verbundenen Kristallen, as für Energieverluste sorgt. Die polykristallinen Solarmodule ·kennt man an der blauen Farbe.

inen Riesen-Unterschied zwischen beiden Modultypen gibt es nicht. ie Zellwirkungsgrade lagen zuletzt laut Fraunhofer-Institut für ıtegrierte Systeme und Bauelementetechnologie nur zwei Prozent ıseinander, mit leichtem Vorteil für monokristallines Silizium.

Ialbzellenmodule

iele Photovoltaikmodule sind inzwischen Halbzellenmodule. Auf ihnen sind die einzelnen Solarzellen nur halb so groß wie normal. Di Teilung der Solarzellen halbiert auch den Strom in den Zellen. Di Verluste durch interne elektrische Widerstände und Wärmeentwicklun sind dadurch niedriger. Ein Halbzellenmodul kann effizienter arbeite und hat einen besseren Wirkungsgrad, auch bei schwächerem Licht.

Man erkennt den Unterschied auch optisch: Das Modul hat sichtba mehr und kleinere Solarzellen.

Zusätzlich ist das Solarmodul in zwei parallel geschaltete Hälfte unterteilt, sichtbar anhand des Strichs in der Mitte des Moduls. Da erhöht den Wirkungsgrad bei Verschattung: Fällt ein Schatten auf ein Hälfte des Moduls, kann die andere Hälfte immer noch volle Leistun bringen.

Ertragsmessungen im Freifeld über zehn Monate hinweg haben lau Fraunhofer-Center für Silizium-Photovoltaik gezeigt, das Halbzellenmodule drei Prozent zusätzliche Energie liefern.

Die etwas höhere Leistung hilft, den Ertrag auf einer begrenzten Fläch zu maximieren, wie beispielsweise am Balkon, auf dem Dach oder in einer Solaranlage mit eingeschränktem Platzangebot. Der Trend bei den Herstellern geht klar zu Halbzellenmodulen, sodass sie durch die hohen Stückzahlen oft sogar günstiger sind als herkömmliche Module.

N-TOPCon-Zellen

N-TOPCon-Zellen (N-Tunnel Oxide Passivated Contact-Zellen) sind eine fortschrittliche Art von Solarzellen in Photovoltaikmodulen. Sie zeichnen sich durch ihre spezielle Struktur und Technologie aus, die zu einer höheren Effizienz und Leistungsfähigkeit führt, auch bei schwachem Licht.

Welche Module in welcher Höhe?

Oft liest man, die gängigen Glas-Folien-Module oder Glas-Glas-Module dürften nur bis zu einer Höhe von vier Metern montiert werden - und auch nur dann, wenn darunter keine Personen laufen oder sich aufhalten (z.B. Spielplatz, Sitzgruppe, Weg). Die Oberkante der Module dürfe nicht mehr als vier Meter über solchen „Verkehrsflächen" liegen. Weiter oben solle man zu Folienmodulen ohne Verglasung oder Glas-Glas-Modulen mit allgemeiner bauaufsichtlicher Zulassung (abZ) greifen.

Die allgemeinen bauaufsichtlichen Zulassungen erteilt das Deutsche Institut für Bautechnik (DIBt). Dieses hat im Oktober 2023 allerdings klargestellt, dass die Solarmodule von Balkonkraftwerken keine Bauprodukte sind. Die Begründung: Man kann ein Balkonkraftwerk jederzeit wieder abmontieren. Die Module sind nicht dauerhaft eingebaut. Einen Verwendbarkeitsnachweis - also eine allgemeine bauaufsichtliche Zulassung - brauchen sie daher nicht. Wichtig sind laut DIBt jedoch geeignete Halterungen, die zum Beispiel Wind standhalten.

Mehr Watt, mehr Leistung

Bis zu 600 Watt Leistung sind für Balkonkraftwerke bislang in Deutschland zulässig. Bis zu dieser Grenze gelten die vereinfachten Bedingungen für Installation und Betrieb. Der Elektrotechnik-Verband VDE schlug in seinem Positionspapier vom Januar 2023 vor, in Deutschland eine Bagatellgrenze von 800 Watt einzuführen. Die Pläne der Bundesregierung sehen das ebenfalls vor.

Auf europäischer Ebene gibt es die 800-Watt-Grenze schon länger, in der „Regulation for Generators (RFG)“. Die Solarmodule aber können mit ihrer Leistung gern darüber liegen. Denn es ist der Wechselrichter, der für die Einhaltung der Vorgaben sorgt.

Stärkere Module machen Sinn, wenn du auch an trüben Tagen möglichst viel Ertrag vom Balkonkraftwerk haben willst. Sie bringen bei mäßigem Sonnenschein mehr Leistung. Knallt die Sonne dann mal wieder stark, lässt der Wechselrichter trotzdem nur 600 Watt ins Netz, auch wenn deine Module zum Beispiel 1.000 Watt haben.

Auch weniger Leistung kann genug sein

Du musst die zulässige Leistung für Balkonkraftwerke keinesfalls ausschöpfen. Eventuell reicht dir auch ein Modul mit 300 Watt Leistung.

Forscher der Arbeitsgruppe PV-Systeme im Forschungszentrum Energie- und Gebäudetechnologie der Hochschule Rosenheim haben zusammen mit der Deutschen Gesellschaft für Sonnenenergie eine Studie mit einer 250-Watt-Anlage durchgeführt. Selbst ein Vier-Personen-Haushalt verbrauchte in der Simulation zu allen Jahreszeiten nicht immer den kompletten, selbst produzierten Strom.

Die Eigenverbrauchsquote übers Jahr lag je nach Montagesituation und Ertrag der Anlage bei rund 88 bis 97 Prozent. Beim Ein-Personen-Haushalt lag sie bestenfalls bei 82 Prozent. Je mehr Grundlast bzw. Stromverbrauch tagsüber, umso mehr Leistung macht Sinn. Denn du musst den Solarstrom sofort verbrauchen. Den Rest verschenkst du.

WECHSELRICHTER: HERZSTÜCK DEF ANLAGE

Ein guter Wechselrichter ist entscheidend für die Leistung deine Balkonkraftwerks. Er macht den Strom aus den Solarmodulen nutzba Der Mikrowechselrichter muss zu den Solarmodulen passen und eine guten Wirkungsgrad haben. Konkret heißen die Geräte für solche Mini PV-Anlagen Mikrowechselrichter. Ihre Position ist zwische Solarmodulen und Steckdose. Achte darauf, dass du einen effiziente Wechselrichter kaufst oder dass das Komplettset, das du kaufen wills ein gutes Gerät enthält.

Wechselrichter für Balkonkraftwerke haben in der Regel Eingänge fü bis zu zwei Solarmodule. Die Module und der Wechselrichter bilde also zusammen das Balkonkraftwerk.

Was macht der Mikrowechselrichter?

Der Wechselrichter macht aus dem Gleichstrom aus deine Solarmodulen den Wechselstrom für dein Zuhause. Zudem sorgt er ir alkonkraftwerk dafür, dass nicht mehr als die bislang in Deutschland ·laubten 600 Watt in die Steckdose fließen.

ei zwei Solarmodulen verwendet man in der Regel einen 'echselrichter mit 600 Watt, bei einem Modul reichen 300 Watt. oraussichtlich werden für Balkonkraftwerke bald 800 Watt erlaubt. olche Wechselrichter muss man aber derzeit – sofern möglich – noch ıf 600 Watt drosseln.

Vechselrichter mit VDE-Norm kaufen

aufe einen Wechselrichter, der die Norm VDE-AR-N 4105 erfüllt. ur dann ist er zugelassen und in Sachen Netz- und Anlagenschutz cher. Solltest du das komplette Balkonkraftwerk als Set bestellen, :hte darauf, dass ein entsprechender Wechselrichter mit Zertifikat ıbei ist.

:romeinspeisung über einen billigen, nicht normierten Wechselrichter ınn langfristig zu Schäden an Geräten in deinem Haushalt führen.

Vechselrichter-Test

n der Universität Paderborn testen Prof. Stefan Krauter und [itarbeiter am Lehrstuhl für Elektrische Energietechnik seit 2014 'echselrichter. Die Rangfolge erstellen sie nach dem Europäischen 'irkungsgrad.
ie Liste ist eine gute Hilfe, um einschätzen zu können, welcher ersteller Qualität bietet – auch wenn einige Modelle im Handel hwer zu finden sind oder bei den Watt nicht auf deine Wünsche ıssen. Das hier sind die Ergebnisse des Tests von 2022, jeweils mit [odell und EU-Wirkungsgrad[1]:

Stefan Krauter, Jörg Bendfeld: Microinverter PV Systems: New Efficiency Rankings And Formula For Energy Yield Assessment For Any PV Panel Size At Different Microinverter Types, Paderborn 2022 (https://ei.uni-paderborn.de/eet/forschung/micro-wechselrichter/ergebnisse-mikrowechselrichter)

1. SMA Sunnyboy 240 – 95.4%
2. Enphase M 215 – 95.2%
3. Hoymiles MI 500 – 95.0%
4. Hoymiles MI 6000 – 94.7%
5. Envertech EVT-5600– 94.6%
5. PowerOne/ABB Micro-0.25-i – 94.6%
7. Huaju HY 600* – 94.5%
8. Involar MAC 500 – 94.3%
8. Bosswerk Mi600* – 94.3%
10. APSystems YC 500 – 94.1%
11. Bosswerk MI300* – 93.5%
12. Envertech EVT-248 – 93.2%
13. Involar MAC 250 – 92.7%
14. WVC 700 (bei 600W) – 91.6%
15. Changetech ELV 300-25 – 90.9%
16. Aptronic INV 250-45 – 90.4%
16. Enecsys SMI-S-240W – 90.4%
18. Ienergy GT 260 – 89.9%
19. Letrika 260 – 88.7%
20. WVC 700 (bei 700W) – 73.3%

Auch Technik-Youtuber haben vereinzelt Wechselrichter f Balkonkraftwerke beurteilt. Hier schnitten Geräte von Deye, Envertec und Hoymiles gut ab. Manche Modelle aus den Tests sind aber berei nicht mehr erhältlich. Und Deye kam wegen eines fehlenden Bautei ins Gerede, mehr dazu später.

Was bedeutet der Wirkungsgrad?

Wechselrichter werden oft mit dem Spitzenwirkungsgrad beworbe der aber wenig aussagekräftig ist. Denn sonnige Idealbedingungen gi es hierzulande selten. Der Europäische Wirkungsgrad ist daher d relevantere Angabe.

Die CEC Efficiency, die teilweise auch angegeben wird, basiert a Vorgaben der California Energy Commission, die hierzulande auc nicht passen.

Meistens arbeiten die Wechselrichter laut Solarexperte Prof. Krauter von der Uni Paderborn wetterbedingt bei 20 bis 40 Prozent ihrer Nennleistung. Besser ist daher eine gewichtete Effizienz, wie sie eben der Europäische Wirkungsgrad ausdrückt. Hier wird die Leistung in einzelnen Teillastbereichen gemessen, die danach gewichtet werden, wie oft sie vorkommen.

Wechselrichter muss zu Modulen passen

Achte darauf, dass die maximale Eingangsspannung des Wechselrichters, angegeben in Volt (V), mit der maximalen Leerlaufspannung des Solarmoduls zusammenpasst und dieses nicht mehr anliefert. Bei Komplettsets sollte das eigentlich selbstverständlich sein. Die Leerlaufspannung ist die Spannung, die ein Solarmodul erzeugen kann, wenn es nicht an einen Verbraucher angeschlossen ist.

Was ist MPPT?

MPPT steht für Maximum Power Point Tracking: Der Wechselrichter passt seine Eingangsspannung der Solaranlage an, so dass sie maximale Leistung bringen kann. In unseren Breitengraden erhöht MPPT den Ertrag eines Balkonkraftwerks, weil sich der Punkt maximaler Leistung (Maximum Power Point) durch schwankende Lichtintensität und Verschattung immer wieder ändert.

Upgradefähiger Wechselrichter sinnvoll

Derzeit gilt in Deutschland eine Leistungsgrenze von 600 Watt. Bis zu dieser Bagatellgrenze kann man sein Balkonkraftwerk selbst anmelden und in Betrieb nehmen, ohne Elektrofachkraft. Geplant ist eine Erhöhung auf 800 Watt. Wer einen upgradefähigen Wechselrichter kauft, kann ihn umstellen und mit mehr Leistung weiter nutzen. So kann ein upgradefähiger Wechselrichter, der die Stromeinspeisung aktuell auf 600 Watt begrenzt, zum Beispiel per WLAN-Update auf 800 Watt umgestellt werden.

Sinnvoll ist das natürlich nur dann, wenn auch die angeschlossenen Solarmodule mehr als 600 Watt Leistung haben.

Leistungsstarker Wechselrichter – größere Gesamtausbeute

Es mag sinnlos wirken, einen leistungsstärkeren Wechselrichter zum Beispiel mit 1.200 Watt zu kaufen, der dann wieder auf die maximal erlaubten 600 Watt gedrosselt wird. Allerdings hat das tatsächlich Vorteile (sofern auch deine Module mehr Leistung haben): Du erhältst die Maximalleistung dann oft über den gesamten Tag verteilt. Das erhöht die Gesamtausbeute deines Balkonkraftwerks. Diesen Effekt kannst du auch bei trübem Wetter erwarten.

Vechselrichter mit WLAN-Funktion

in Wechselrichter mit WLAN-Funktion ermöglicht dir, auf einer App ı verfolgen, wie viel Strom dein Balkonkraftwerk produziert und ins etz einspeist. Das geht allerdings auch mit einer smarten Steckdose, ie Strom messen kann, etwa dem Gigaset Plug 2.0. Auch Upgrades nd über WLAN möglich, wie die erwähnte Leistungserhöhung auf)0 Watt.

Varnung vor fehlerhaften Wechselrichtern

n Frühjahr 2023 hat die Bundesnetzagentur vor unzulässigen und otenziell gefährlichen Wechselrichtern gewarnt. „Leider finden wir ahlreiche Produkte, die unzulässig oder auch potenziell gefährlich nd“, sagte Klaus Müller, Präsident der Bundesnetzagentur. Später estätigte die Behörde auch, was eine Gruppe Technik-Youtuber ızwischen aufgedeckt hatte: Dass manchen Wechselrichtern des erstellers Deye ein Schutz-Relais fehlt.

n Sommer 2023 kam heraus, dass die chinesische Firma Ningbo Deye verter Technology in einigen ihrer Wechselrichter ein Bauteil egließ, das vor Stromschlägen und Netzfehlern schützt. Eigentlich alten die Geräte der Firma als gut und zuverlässig. Doch das Relais ar einfach nicht eingebaut. Die Konsequenz: Die Wechselrichter erstoßen gegen die VDE-Norm und dürfen daher nicht an das eimische Stromnetz angeschlossen werden.

er fehlende Schalter ist dazu da, die Stromproduktion im Vechselrichter abzuschalten - zum Beispiel dann, wenn der Strom usfällt. Wenn der Wechselrichter dann nicht automatisch abschaltet, ondern weiter einspeist, kann das Stromnetz Schaden nehmen. Was ögliche Gefahren für Menschen angeht, gibt es keine einheitliche leinung. An den Kontakten des Steckers könnte eine Spannung nliegen.

eye brachte als Nachrüst-Lösung für betroffene Geräte eine externe

Relais-Box heraus, der die Bundesnetzagentur dann auch die Freigab
erteilt hat. Sie wird zwischen Wechselrichter-Anschluss und Netzkabe
installiert.

CE-Kennzeichen wichtig

Die Bundesnetzagentur nennt zwar in der Regel keine Namen von i
Tests auffälligen Herstellern. Sie gibt aber einen Tipp, wie ma
potentiell mangelhafte Wechselrichter erkennt: Produkte ohne CE
Kennzeichen, deutsche Bedienungsanleitung oder europäische
Ansprechpartner meiden. Sie dürfen in Deutschland ohnehin nich
verkauft und vertrieben werden. Dennoch tauchen sie manchmal au
Marktplätzen und Shops im Internet auf.

An solchen formellen Anforderungen können Verbraucherinnen un
Verbrauchern noch recht gut erkennen, dass sie das Produk
bedenkenlos nutzen können. Schwieriger wird es bei technische
Anforderungen. Die Tests der Bundesnetzagentur zeigten, dass selbs
Geräte, die formelle Vorgaben erfüllen, bei der messtechnische
Überprüfung im Labor Mängel aufweisen. So überschreiten einig
Produkte im Betrieb beispielsweise gesetzliche Grenzwerte fü
elektromagnetische Verträglichkeit.

Tipps für den Online-Kauf

Wer sein Balkonkraftwerk oder einzelne Komponenten online bestell
kann sein Risiko, Betrügern oder mangelhafter Qualität aufzusitzer
mit diesen Tipps minimieren:

- Bei seriösen und bekannten Quellen bestellen.
- Auf ein Impressum achten.
- Angaben zu allgemeinen Geschäftsbedingungen (AGB
Transportkosten sowie Widerrufs- und Rückgabebelehrunge
müssen ebenfalls vorhanden sein.
- Bei Zweifeln nach Erfahrungen mit dem Anbieter i

Suchmaschinen schauen, Informationen bei den Verbraucherzentralen oder der Stiftung Warentest suchen.

- Auf eine EU-Adresse achten, unter der du den Anbieter oder seinen Partner erreichen kannst. Diese Adresse muss auf dem Produkt oder seiner Verpackung, dem Paket oder in einem Begleitdokument angegeben werden.
- Auf das CE-Kennzeichen achten.
- Produktbeschreibung genau prüfen – vor allem darauf, ob Hinweise auf eine deutschsprachige Bedienungsanleitung vorliegen.
- Der Preis sollte im Vergleich zur Konkurrenz plausibel sein.
- Beantwortet der Verkäufer Fragen zum Produkt? Wenn nicht, ist er womöglich unseriös.
- Der Steckertyp muss in Deutschland verwendbar sein.
- Achte vor dem Kauf darauf, dass das Produkt für den deutschen Markt zugelassen ist und allen Vorgaben entspricht. Dies ist nicht immer der Fall, warnt das Europäische Verbraucherzentrum Deutschland. Informationen über die in Deutschland geltenden Sicherheitsstandards liefert die Deutsche Gesellschaft für Sonnenenergie (DGS).
- Onlinehändler, die ihre Ware in der EU anbieten, müssen sich an gesetzliche Vorgaben halten. Dazu gehört das 14-tägige Widerrufsrecht. Die Frist für den Widerruf beginnt mit dem Erhalt der Ware. Einen Widerruf solltest du unbedingt schriftlich senden.
- Wer im Fall des Widerrufs die Transportkosten trägt, muss vor dem Kauf klar erkennbar sein. Ein bereits in Gebrauch genommenes Balkonkraftwerk nehmen Händler manchmal nur ungern zurück. Wenn sie die gebrauchte Ware im Rahmen eines Widerrufs zurücknehmen, dürfen sie vom Verbraucher eine Entschädigung für etwaige Gebrauchsspuren verlangen.
- Sollte das Balkonkraftwerk innerhalb der ersten 12 Monate nach Erhalt nicht wie beschrieben funktionieren, hast du als Verbraucherin oder Verbraucher ein Recht auf Reparatur oder Austausch. Die Reklamation solltest du schriftlich einreichen.

BALKONKRAFTWERK MIT SPEICHER

Ein Balkonkraftwerk-Speicher hilft dir, mehr von deinem Solarstro
selbst zu verbrauchen. Denn nicht verbrauchten Strom aus deine
Solarmodulen verschenkst du an deinen Netzbetreiber, abend
hingegen könntest du ihn wieder gut gebrauchen. Aber da scheint kein
Sonne mehr.

Hier kommt ein Balkonkraftwerk-Speicher ins Spiel. Damit kannst d
zwar in der Regel auch nicht deinen gesamten Stromverbrauch selbs
decken. Aber du musst auf jeden Fall weniger Strom zukaufen. Lohn
sich also die durchaus nicht günstige Investition?

Das spricht für Balkonkraftwerk-Speicher

- Selbst erzeugten Strom auch abends und nachts nutzen
- Mehr Eigenverbrauch, geringere Stromrechnung
- Speicher kann Grundlast über gesamte Nacht decken
- Der Strom aus dem Speicher ist schon bezahlt (Anschaffungskosten)
- Mehr Sicherheit vor steigenden Stromkosten
- Höherer Autarkiegrad
- Notstrom bei Stromausfall
- Speicher je nach Modell mobil

Das spricht gegen Balkonkraftwerk-Speicher

- Erhöht die Anschaffungskosten für das Balkonkraftwerk deutlich
- Je höher der gewünschte Eigenverbrauch, desto größer muss der Speicher sein
- Akku reicht bei wattstarken Geräten evt. nicht über den ganzen Abend
- Bei hohem Stromverbrauch tagsüber macht Einspeichern keinen Sinn
- Häufig keine verbrauchsgesteuerte Einspeisung

Wann lohnt sich ein Balkonkraftwerk mit Speicher?

Ein Balkonkraftwerk mit Speicher lohnt sich dann, wenn du tagsüber einen Stromüberschuss erzeugst. Wenn du allerdings den Großteil des Solarstroms schon am Tag brauchst, verschiebst du mit einer Einspeicherung den Verbrauch nur auf später.

Bei einer üblichen Grundlast von 150 bis 200 Watt im Haushalt kommst du mit einem Speicher auch durch die Nacht. Heißt: Standby-Geräte, Kühlschrank, Heizungssteuerung, Licht. Saugen die Geräte mehr Strom, etwa ein laufender Fernseher, wird es je nach Akku eng.

In der Regel lassen sich die Systeme so einstellen, dass sie den Akku nicht ungebremst entleeren, womit du wieder einen Überschuss verschenken würdest, sondern beispielsweise konstant 200 Watt einspeisen. Tagsüber wiederum kann man oft bestimmen, wie viel vom erzeugten Strom in den Akku gelenkt werden soll. So gehen dann zum Beispiel 100 Watt von deinem 600-Watt-Balkonkraftwerk in den Speicher.

Mit Kosten ab 800, eher 1.500 Euro aufwärts musst du für so ein Speichersystem rechnen. Die Amortisation läuft also über einige Jahre. Allerdings weißt du auf 10 bis 20 Jahre hinaus sicher, was dich der Strom aus deinem Stromspeicher kostet. Du kommst hier auf Werte von teils unter 20 Cent pro Kilowattstunde. Ein solcher Akku schafft gut 5.000 bis 6.000 Zyklen (und ist auch danach nicht tot, sondern ggf. schwächer). Wichtig: Die nutzbare Kapazität liegt unter der Nennkapazität, da man den Akku nicht komplett entladen soll.

Kostet das Speichersystem inklusive Leistungselektronik (also Steuerung) weniger als 800 Euro pro Kilowattstunde Speicherkapazität, ist es laut Solar Cluster Baden-Württemberg wirtschaftlich – vorausgesetzt, die Lebensdauer des Speichers beträgt 20 Jahre.

Vas kostet eine Kilowattstunde aus dem Balkonkraftwerk-Speicher?

b du mit einem Speicher günstiger dran bist als mit gekauftem Strom, annst du am Preis einer Kilowattstunde aus dem Speicher erkennen. iesen ermittelst du wie folgt:

ennkapazität x (Entladetiefe DoD in % : 100) x (Wirkungsgrad in % : 00) = Technisch nutzbare Kapazität

echnisch nutzbare Kapazität x Mögliche Zyklen = Speicherbare trommenge

nschaffungskosten : Speicherbare Strommenge = Preis pro ilowattstunde

in Beispiel:
kWh x 0,8 x 0,85 = 2,04 kWh
,04 kWh x 4.000 = 8.160 kWh
.600 Euro : 8.160 kWh = 0,20 Euro pro kWh

alkonkraftwerk-Speicher im Vergleich

ngesichts des steigenden Interesses gibt es inzwischen mehrere peicher-Systeme auf dem Markt. Manche Hersteller bieten mehrere Iodelle mit unterschiedlicher Kapazität an. Andere haben ein mit usatzakkus erweiterbares System. Manche sind noch in der ntwicklung und nur vorbestellbar.

Iit den Speichern von Anker und Zendure zum Beispiel kann man ein estehendes Balkonkraftwerk erweitern. Bei Anker brauchst du nur den kku. Der SolarFlow von Zendure besteht aus bis zu vier Akkus, die u wie Legosteine stapeln kannst sowie dem Steuerungskasten PV-ub. Beim EcoFlow brauchst du den hauseigenen Wechselrichter owerStream und mindestens eine der Powerstations. Sie sind tragbar, du kannst Geräte auch direkt daran anschließen. Ein weiteres System mit einem eleganten Speicherkasten ist SolMate. Mehr Details au energieasy.de.

Die Steuerung läuft bei den meisten Systemen über eine App. Auf dem Handy kannst du den Stromfluss sehen und lenken. EcoFlow und Zendure bieten zudem smarte Steckdosen, die mit der App verbunden werden und eine gezielte Einspeisung an die angeschlossenen Geräte ermöglichen.

Wenn du den Speicher mit Balkonkraftwerk-Komponenten (z.B Wechselrichter) bestellst, sparst du die Mehrwertsteuer.

Montage von Balkonkraftwerk-Speichern

Für die Montage ist wie beim Balkonkraftwerk kein Elektriker nötig Speichergeräte sind oft nicht wasserdicht und sollten geschützt ode innen stehen - dennoch aber möglichst nah an den Modulen. Denn die Gleichstromstrecke - also die Verbindung zu den Modulen - sollte wegen möglicher Verluste möglichst kurz sein. Die Wechselstrom Strecke - also die Verbindung zur Steckdose - kann auch länger sein.

Häufig werden die Speichersysteme direkt an die Module angeschlossen, also noch vor dem Wechselrichter. Der Strom geht dann als Gleichstrom in den Akku und wieder hinaus, danach wird er im Wechselrichter in Wechselstrom für den Haushalt umgewandelt.

BALKONKRAFTWERK MONTIEREN

b mit Halterung am Balkongeländer oder aufgeständert auf der
errasse, im Garten, auf dem Carport, auf der Garage - mit den
olarmodulen ist alles möglich. Hauptsache, es scheint viel Sonne
rauf. An Metallgeländern ist die Montage in der Regel ohne
eschädigung des Balkongeländers möglich. Balkonhaken umgreifen
as Geländer oben, unten kann man mit Rohrschellen fixieren. Bei
emauerten Balkonen kann man mit Winkeln arbeiten.

ie Montage eines Balkonkraftwerks ist relativ einfach und kann von
albwegs geschickten Heimwerkern selbst durchgeführt werden. Oder
an stellt es einfach auf. Wichtig für eine möglichst hohe
romproduktion sind der Standort, die Ausrichtung und die Neigung
er Solarmodule. Südfassade ist sehr gut.

alterungen werden in der Regel von den Herstellern gleich
itgeliefert oder angeboten. So kann man das Balkonkraftwerk mit
was Geschick selbst montieren. Auch die Verbindung mit dem
romnetz ist einfach: Die Mini-Solaranlagen werden in der Regel mit
nem einfachen Schuko-Stecker geliefert, den man in die
ußensteckdose steckt. Den Wechselrichter befestigst du hinter den

Modulen an der Halterung oder an der Wand. Verlängerungen für di Verbindungskabel zwischen Wechselrichter und Modulen bieten d etwas Spielraum.

Auf Terrassen oder Flachdächern ist der Aufbau eine Balkonkraftwerks besonders einfach: Oft brauchen die Gestelle mit de Solarmodulen nur aufgestellt zu werden. Eine Alukonstruktion, die m Steinen beschwert wird, hält auch ohne Verschraubung mit dem Boder Hast du so eine Fläche, kaufe eine entsprechende Aufständerung, die i der Regel aus mehreren Aluminiumprofilen besteht, die miteinande verschraubt werden.

Beispiele für Balkonhalterungen zur Befestigung von Solarmodulen

Elektriker nicht vorgeschrieben

Ein Elektriker ist für die Montage eines Balkonkraftwerks nicl vorgeschrieben, auch schreibt kein Gesetz den so genannten Wielanc Stecker vor. Weiter oben bei den Kauftipps hatten wir das Thema j bereits. Der Elektroverband VDE verlangt den Wieland-Stecker i seinen Normen, mit denen man im Zweifel auf Nummer Sicher geht.

Wie lange noch, ist die Frage, denn auch der VDE hat sich in einem Positionspapier offen dafür gezeigt, den normalen Schuko-Stecker künftig zugunsten einer Vereinfachung zu dulden. Der "Schutzkontakt-Stecker" ist ohnehin längst gelebte Praxis.

Die Mini-PV-Anlage von einer Fachkraft montieren und in Betrieb nehmen zu lassen, kann aber unter einem Gesichtspunkt Sinn machen: Kommt es zu Problemen bei der Stromerzeugung, kannst du beim Verkäufer leichter nachweisen, dass es an der Anlage selbst liegt und nicht an der Installation.

So läuft die Installation ab

Die einzelnen Schritte beim Aufbau eines Balkonkraftwerks:

- Geeigneter Standort: Das Balkonkraftwerk sollte an einem Ort installiert werden, der viel Sonnenlicht empfängt und nicht durch Schatten beeinträchtigt wird.
- Trage am besten Arbeitshandschuhe, um Fettflecken auf den Solarmodulen zu verhindern.
- Die Ausrichtung nach Süden mit Neigung zur Sonne hin ist am besten.
- Prüfe zunächst die Solarmodule, den Wechselrichter und die Kabel auf optische Schäden.
- Die Modell- und Seriennummer der Komponenten schreibst du dir am besten vor der Montage auf, zum Beispiel in die Gebrauchsanleitung, dann hast du sie im Fall eines Defekts leichter zur Hand.
- Die Solarmodule mit speziellen Halterungen an der Balkonbrüstung befestigen. Achte darauf, dass die Halterungen stabil genug sind, das Gewicht des Balkonkraftwerks zu tragen.
- Den Wechselrichter z.B. auf der Rückseite des Moduls an die Halterung oder an den Modulrahmen schrauben, oder an die Wand.
- Die Solarmodule mit dem Wechselrichter verbinden. Die Module werden mit den DC-Kabeln direkt am Wechselrichter

angeschlossen und nicht untereinander verbunden. Hast du vier kleinere Module, werden jeweils zwei in Reihe geschaltet.

- Anschließen an das Stromnetz: Der Wechselrichter wird über ein weiteres Kabel (AC-Kabel) mit normalem Stecker an das Stromnetz angeschlossen, um den erzeugten Strom in den Haushalt einzuspeisen. Andersherum ziehst du erst den Netzstecker, wenn du etwas am Balkonkraftwerk tust. Willst du die DC-Stecker wieder trennen, decke die Module ab.
- Inbetriebnahme: Sobald alles aufgebaut ist, musst du das Balkonkraftwerk beim Netzbetreiber und bei der Bundesnetzagentur anmelden.
- Messung: Ein Wechselrichter mit WLAN oder ein Strommessgerät an der Außensteckdose ermöglicht dir, die Stromproduktion zu überwachen. So kannst du sicherstellen, dass das Balkonkraftwerk ordnungsgemäß funktioniert.

Wenn der Mikrowechselrichter an 230 Volt Wechselspannung angeschlossen ist, beginnt seine Status-LED (haben fast alle Geräte) kurz darauf zu blinken, zu leuchten oder seine Farbe auf Grün zu wechseln, je nach Gerät. In der Regel ist das das Signal dafür, dass der Wechselrichter sich mit der Netzspannung des Wohnungsstromkreises synchronisiert und Strom produziert wird.

Ideale Ausrichtung

Balkone an der Südfassade eines Hauses sind bestens geeignet für ein Balkonkraftwerk, sie haben tagsüber die beste Sonneneinstrahlung, vor allem zur Mittagszeit. Schaut der Balkon nach Osten oder Westen, reduziert das den Ertrag.

Allerdings: Bei Solarmodulen, die nach Westen zeigen, ist der Ertrag abends am größten. Wenn du also meist erst dann zuhause bist und Geräte anwirfst, kann sich das immer noch für dich lohnen. Bei Ost-Ausrichtung profitierst du morgens vom kostenlosen Solarstrom, denn die Sonne geht im Osten auf und im Westen unter.

Den maximalen Stromertrag bekommst du, wenn du die Solarmodule er Mini-PV-Anlage mit einem Neigungswinkel zur Sonne von 30 bis 6 Grad aus der Horizontalen aufbaust, unverschattet und mit gerader usrichtung nach Süden (Südazimut 180 Grad).

)iese Werte nennen die EnBW und eine Studie der Hochschule .osenheim, Arbeitsgruppe PV-Systeme im Forschungszentrum nergie- und Gebäudetechnologie, zusammen mit der Deutschen iesellschaft für Sonnenenergie.

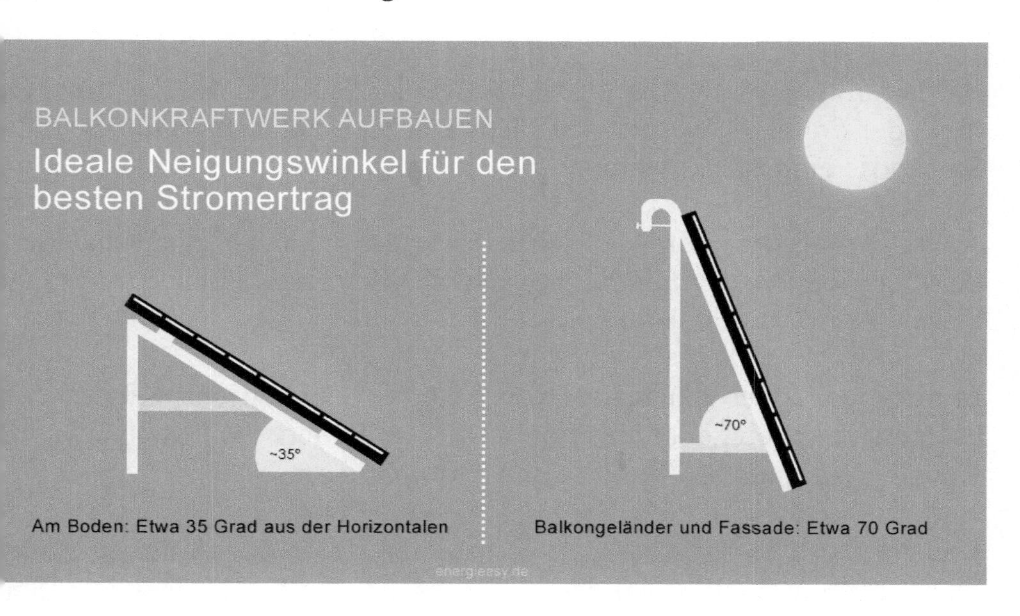

.uf Balkonen kann man den idealen, aber recht flachen Ieigungswinkel von 36 Grad oft nicht einhalten - aus Platzgründen nd weil es nicht gut aussieht. Die Rosenheimer Forscher haben daher uch steilere Neigungswinkel zwischen 70 und 90 Grad simuliert, tzterer wäre die gerade Montage nach außen.

rgebnis: Der Ertrag ist geringer, aber: Bei beiden Neigungswinkeln 'ird über das ganze Jahr hinweg immer wieder mehr Strom erzeugt als erbraucht wird – vor allem in einem Ein-Personen-Haushalt, aber uch in einem Vier-Personen-Haushalt. 70 Grad Neigungswinkel liefert iehr Strom als 90 Grad, auch bei nicht exakter Süd-Ausrichtung.

Kabel gut verlegen

Dein Balkonkraftwerk kannst du mit einem ganz normalen Schuko Stecker („Schutzkontakt"-Stecker) ans Stromnetz anschließen. In de Regel nutzt du dafür die Außen-Steckdose des Balkons oder de Terrasse. Das Kabel muss lang genug sein.

Keine Verlängerungskabel oder Mehrfachsteckdosen benutzen!

Ist das mitgelieferte Anschlusskabel zu kurz, kaufe ein längeres. O drei oder dreißig Meter, ist egal. Der Wechselrichter muss direkt in di Steckdose eingesteckt werden.

Achte darauf, dass der Wechselrichter und der Stecker nicht dauerha direkter Sonneneinstrahlung ausgesetzt sind oder durch Schnee un Regen feucht werden können.

Freiliegende oder hängende Kabel können gerade für Kinder ein Stolpergefahr sein, oder abgerissen werden. Fixiere die Kabel, etwa mi Kabelbindern, um solche Gefahren zu minimieren.

Verlege die Kabel so, dass sie nicht unter hoher Zugspannung stehe oder dauerhaft Flüssigkeiten ausgesetzt sind. Bedecke offen Steckverbindungen mit einer Verschlusskappe, um sie gege Umwelteinflüsse zu schützen. Oft haben Wechselrichter noch ein unbenutzte Kupplung. Die ist dafür vorgesehen, bei größeren Anlage einen zweiten Wechselrichter anzuschließen - was bein Balkonkraftwerk aber nicht der Fall ist.

„Balkonkraftwerke gehören nur in die Steckdose und nirgend woanders angeschlossen", mahnt Andreas Breitner, Direktor de Verbands norddeutscher Wohnungsunternehmen (VNW). „Gerade da wo ‚wilde Leitungen' gelegt werden, steigen die Brandgefahr und da Risiko technischer Defekte. Kein Wildwest in Balkonien!"

Besonders problematisch werde es, wenn bei der Anbringung de Photovoltaikanlage die Hausfassade inklusive der Dämmun beschädigt werde, so der VNW-Direktor. „Dadurch können erheblich ückbaukosten entstehen, die der Verursacher zu tragen hat." Zudem erde das Aussehen der Wohnanlage verändert und Nachbarn könnten ch durch Blendwirkungen gestört fühlen. „Auch Veränderungen am rscheinungsbild eines Wohngebäudes bedürfen in der Regel der enehmigung des Vermieters."

m Balkon angebrachte Photovoltaikanlagen könnten auch ersicherungsrechtliche Probleme verursachen. „Wer haftet, wenn erabfallende Bauteile Menschen verletzen oder an anderen egenständen – beispielsweise einem Auto – Schäden verursachen?" agt VNW-Direktor Andreas Breitner. Antworten darauf später im apitel über die Versicherung.

or der Montage Erlaubnis einholen

chte darauf, dass das Solarmodul so befestigt wird, dass es keine chäden verursacht und sicher hält. Für eine von außen sichtbare Iontage brauchst du die Genehmigung des Vermieters oder der igentümergemeinschaft – am besten natürlich vor dem Kauf. Wenn du e Module nur auf einem Gestell auf deinen Balkon oder deine errasse stellst, ist das nicht zwingend nötig.

ehnt der Vermieter ab, ist der Traum vom Balkonkraftwerk nicht eplatzt. Alternativ zur Installation an Balkonbrüstungen oder der assade kannst du auch ein Gestell für die Solarmodule kaufen oder auen. Die Anlage steht also wie ein Möbel auf dem Balkon oder der errasse, wird aber nicht angeschraubt.

u empfehlen ist ein Abstand von 1,25 Meter zu Brandwänden von ngrenzenden Gebäuden, etwa bei Reihenhäusern. Diese Vorschrift ann aber in einzelnen Bundesländern abweichen. Ein Blick in die weilige Landesbauordnung schafft hier Sicherheit.

Solarmodule aufgeständert auf einem Carport

BALKONKRAFTWERK WARTEN

Ein Balkonkraftwerk braucht im Allgemeinen nur minimale Wartung und Unterhalt. Zu empfehlen ist aber mindestens jährlich eine Sichtprüfung, bei der du die Stecker-Solaranlage auf Mängel prüfst. Hier ein paar Routinen, die du beachten solltest, damit das Balkonkraftwerk optimal funktioniert:

- Regelmäßige Reinigung: Pollen, Staub und Schmutz können sich auf den Solarzellen ansammeln und die Leistung des Balkonkraftwerks beeinträchtigen. Deshalb solltest du die Solarzellen regelmäßig reinigen. Das kann schnell mal 20 Watt mehr Leistung bringen.
- Für die Reinigung keinen Straßenbesen und keine Schneeschaufel verwenden. Das kann zu Kratzern führen. Am besten sind ein Handbesen, ein weiches Tuch oder Mikrofasertuch sowie der Gartenschlauch. Nicht zu viel Druck ausüben.
- Überprüfen der Halterungen: Du solltest sicherstellen, dass die Halterungen des Balkonkraftwerks stabil und sicher befestigt sind. Auch die Halterungen sollten regelmäßig auf Risse oder Schäden geprüft werden.

- Überwachen des Stromertrags: Behalte regelmäßig im Auge, wie viel Strom das Balkonkraftwerk produziert, um sicherzustellen, dass es ordnungsgemäß funktioniert.
- Überprüfen der Kabel und Anschlüsse: Es muss sichergestellt sein, dass alle Kabel und Anschlüsse fest und sicher befestigt sind und keine Schäden aufweisen.
- Überprüfen des Wechselrichters: Der Wechselrichter ist ein wichtiger Bestandteil des Balkonkraftwerks und sollte regelmäßig auf Fehlermeldungen oder Anomalien überprüft werden.
- Bei Bedarf professionelle Hilfe hinzuziehen: Wenn es Probleme mit dem Balkonkraftwerk gibt, die du nicht durchschaust, oder dieses gar repariert werden muss, sollte man einen professionellen Elektriker oder Solartechniker hinzuziehen.

Reparaturen darf nur qualifiziertes Fachpersonal durchführen. Öffne die Elektrogeräte nicht. Abgesehen davon, dass du dann Garantieansprüche verlierst: Wenn du Schutzvorrichtungen unbefugt entfernst, kann das auch zu ernsthaften Sicherheitsproblemen, Schäden am Gerät und natürlich Gefahren für deine Gesundheit führen.

Durch eine regelmäßige Wartung und Pflege kannst du sicherstellen, dass das Balkonkraftwerk optimale Leistung erbringt und eine lange Lebensdauer hat. Wenn du etwas machst: Ziehe immer zuerst den Netzstecker, damit auf dem System
keine Spannung mehr anliegt.

Wenn die Solarmodule am Ende ihrer Lebenszeit angelangt sind oder du stärkere kaufen willst, kannst du die Solarmodule (oft kostenfrei) bei einem Wertstoffhof abgeben. Sie können recycelt werden.

BALKONKRAFTWERK ANMELDEN

Ein Balkonkraftwerk speist unverbrauchten Strom in das öffentliche Netz ein. Darum musst du die Stecker-Solaranlage anmelden, wenn du sie in Betrieb nimmst. Wo und wie, zeigen wir dir hier.

Das Balkonkraftwerk musst du in Deutschland der Bundesnetzagentur und bislang auch noch dem örtlichen Stromnetzbetreiber – nicht deinem Stromversorger – melden. Die Anmeldung kannst du selbst übernehmen. Ein Elektrofachmann ist dafür – wie auch für die Montage des Balkonkraftwerks – nicht nötig.

Balkonkraftwerk anmelden in drei Schritten

Die Anmeldung deines Balkonkraftwerkes geschieht in drei Schritten, die du in der Regel online durchführen kannst.

1. Benutzerkonto im Marktstammdatenregister anlegen
Die Bundesnetzagentur führt das so genannte Marktstammdatenregister (MaStR). Hier sind alle Betreiber von Strom- und

Gaserzeugungsanlagen verzeichnet. Auch du musst ein Benutzerkont
anlegen.

2. Als Anlagenbetreiber anmelden und Anlage registrieren
Hast du das MaStR-Benutzerkonto mit dem Link in de
Bestätigungsmail aktiviert, meldest du dich darin als Anlagenbetreibe
an und registrierst deine Anlage.

3. Beim Netzbetreiber anmelden
Im dritten Schritt meldest du deine Balkon-Solaranlage bei deinen
örtlichen Stromnetzbetreiber an. Er möchte im Wesentlichen Standor
und Leistung der Anlage wissen sowie deine Anlagennummer, die d
im Marktstammdatenregister der Bundesnetzagentur bekommen hast.

Die Anmeldung im Marktstammdatenregister

Alle ortsfesten Stromerzeugungs-Anlagen müssen in
Marktstammdatenregister (MaStR) der Bundesnetzagentur angemelde
werden – egal wie groß sie sind. Das ist im Energiewirtschaftsgeset
und der MaStR-Verordnung vorgeschrieben. Auch dann, wenn dir fü
die Einspeisung von überschüssigem Strom ins öffentliche Netz kein
EEG-Förderung gezahlt wird, und auch dann, wenn du den Stron
komplett selbst verbrauchst.

Für Balkonsolaranlagen ist die Anmeldung einfacher: Anders als be
größeren Photovoltaikanlagen brauchst du sie erst anzumelden, wen
du sie in Betrieb nimmst, und nicht schon in der Planungsphase.

Dass dir der eingespeiste Strom aus der Balkon-Solaranlage nich
bezahlt wird, ist die Regel, da sich eine vergütete Einspeisung pe
EEG-Förderung hier nicht lohnt.

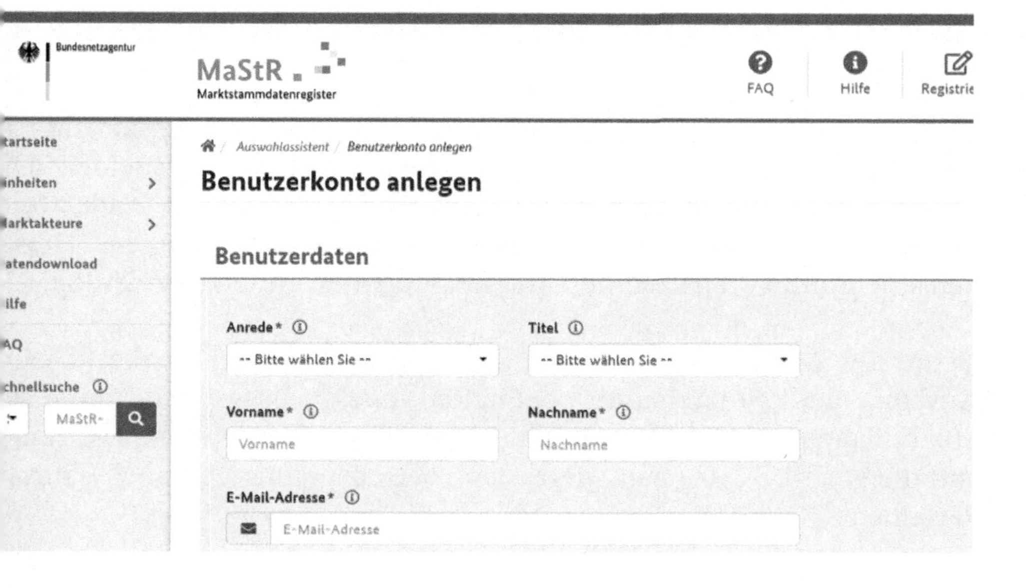

ir die Anmeldung im Marktstammdatenregister legst du erst ein enutzerkonto mit deinen Daten an. Hier registrierst du zunächst dich s Anlagenbetreiber, dann deine Anlage mit Daten wie Standort, etzanschluss und technischen Merkmalen. Wer bereits eine Dach- olaranlage betreibt, kennt das Procedere. Die Anmeldung ist ostenlos.

iel des Marktstammdatenregisters ist ein verlässlicher Überblick über e Erzeugerlandschaft, um Netzausbau, Versorgungssicherheit und nergiewende planen zu können. Die Bundesnetzagentur hat das erzeichnis 2019 in Betrieb genommen.
u erhältst bei der Anmeldung eine Nummer, die mit SEE beginnt. Das eht für Stromerzeugungseinheit. Diese SEE-Nummer braucht dann n nächsten Schritt dein örtlicher Stromnetzbetreiber. In dein enutzerkonto kannst du dich auch später immer wieder einloggen – wa für Adressänderungen oder um weitere Anlagen zu registrieren.

as Marktstammdatenregister der Bundesnetzagentur findest du unter tps://www.marktstammdatenregister.de/MaStR

Balkonkraftwerk beim Netzbetreiber anmelden

Eine Mini-PV-Anlage wie ein Balkonkraftwerk musst du i Deutschland und Österreich dem örtlichen Netzbetreiber melden. Di Stromnetzbetreiber sind in der Regel Stadtwerke oder landesweit Konzerne wie Bayernwerk. Ihnen gehören die Leitungen. Diese Schritt entfällt voraussichtlich mit der geplanten Gesetzesänderung.

Denn die Maßnahmen der Bundesregierung im Solarpaket I zur Ausbau der Solarenergie enthalten auch, dass bei einfache Solaranlagen auf Balkonen die Anmeldung beim Netzbetreibe entfallen soll. Das neu gefassten Gesetze müssen noch durch Parlament.

Falls du deinen Netzbetreiber nicht kennst: Sein Name steht auf deine Energierechnung, eventuell auch auf deinem Stromzähler. Nich verwechseln mit dem Stromversorger, bei dem du deinen Liefervertra hast! Diesen kannst du beliebig wählen. An jedem Ort gibt es aber nu einen Stromnetzbetreiber.

Wenn dein Netzbetreiber nur als Codenummer angegeben ist, kann du auf der Homepage der Energie Codes und Services Gmb nachsehen, welches Unternehmen sich dahinter verbirgt: https://bdew codes.de

Die Netzbetreiber haben für die Anmeldung von Balkonkraftwerke meist Online-Formulare, die du recht unkompliziert ausfüllen kanns zum Beispiel das Bayernwerk.

Wenn du auf der Homepage deines Netzbetreibers kein Onlineformula oder einen Vordruck zum Ausdrucken findest, kannst du beim Elektroverband VDE ein Formular herunterladen und per Post, PD oder Scan an deinen Netzbetreiber schicken (Erzeugungsanlagen an Niederspannungsnetz).

Moderner Stromzähler nötig

Für ein Balkonkraftwerk brauchst du einen geeigneten Stromzähler. Das klärt der Stromnetzbetreiber mit dir nach der Anmeldung. Ihm gehört der Stromzähler. Du brauchst mindestens einen Stromzähler mit Rücklaufsperre. Moderne Zähler sind damit in der Regel ausgestattet.

Ein normaler Zähler ohne entsprechende Sperre würde rückwärts laufen, wenn Strom eingespeist wird. Das wäre ähnlich wie eine Manipulation des Kilometerzählers im Auto. So einen einfachen Zähler hast du insbesondere dann, wenn sich darin eine Scheibe dreht. Schaue am besten mal auf dem Zähler nach. Du erkennst die Rücklaufsperre am Symbol einer Drehscheibe mit Widerhaken. Allerdings will die Bundesregierung ihrem Solarpaket I zufolge künftig auch rückwärts drehende Stromzähler dulden, bis Zweirichtungszähler eingebaut werden.

Je nach Anforderung des Netzbetreibers brauchst du möglicherweise einen Zweirichtungszähler, da du Strom verbrauchst und einspeist. Mache vorsorglich deutlich, dass du auf eine EEG-Förderung des eingespeisten Stroms verzichtest. Sollte ein Zählertausch nötig sein, können Gebühren anfallen.

Oft ist der Austausch des Stromzählers aber kostenlos, das kommt auf den Netzbetreiber an. Möglicherweise müsste er deinen Zähler ohnehin früher oder später austauschen, weil ab 2032 moderne Zähler Vorschrift sind.

BALKONKRAFTWERK VERSICHERN

Wer zahlt, wenn ein Unwetter das Balkonkraftwerk beschädigt, Teile mutwillig zerstört werden, herunterfallen oder Diebe die Anlage klauen?

Dieses Kapitel erklärt genau, welche Policen helfen und warum du vielleicht gar keine extra Versicherung für die Balkon-Solaranlage brauchst!

Da die Stecker-Solaranlagen auf Balkonen oder Terrassen dauerhaft draußen sind, stellt sich sicher vielen Interessenten und Besitzern die Frage: Was ist, wenn doch mal was kaputt geht? Immerhin liegen die Anschaffungskosten zwischen 500 und über 1.000 Euro, und mindestens sechs Jahre dauert es schon, bis sich ein Balkonkraftwerk rentiert hat und kostenlos Solarstrom produziert.

Versicherung gegen Schäden

Balkonkraftwerke können gegen Schäden – zum Beispiel durch Hagel, turm und Brand – abgesichert werden. Dafür ist noch nicht einmal ine eigene Versicherung nötig. Entscheidend sind die Installationsart er Mini-PV-Anlage und die Eigentumsverhältnisse bei der Immobilie.

ie passenden Versicherungen für eine Balkonsolaranlage sind die ohngebäudeversicherung, falls du Immobilieneigentümer bist und die nlage fest montiert ist, oder bei Mietern die Hausratversicherung.

- Mieter: Hausratversicherung
- Hauseigentümer & fest installiert: Wohngebäudeversicherung
- Wohnungseigentümer oder aufgestellt: Hausratversicherung

Vohngebäude- oder Hausratversicherung

ersorgt das Balkonkraftwerk ein Haus, das dir gehört, und ist es fest it dem Haus oder der Garage verbunden, ist das Balkonkraftwerk ber die Wohngebäudeversicherung versichert.

ist du Mieter oder Wohnungseigentümer und die Anlage versorgt nur einen Haushalt, dann gehört sie zum Hausrat und damit in die ausratversicherung.

ie Hausratversicherung greift auch bei Hauseigentümern, falls die nlage nicht fest am Gebäude installiert ist. „Wenn die Solaranlage eispielsweise im Garten steht und über einen Stecker mit dem Haus erbunden wird, besteht kein Versicherungsschutz über die ohngebäudeversicherung“, erklärt Cornelia Flörcks von der R+V ersicherung. Dann brauchst du eine Hausratversicherung, wenn du die Iini-PV-Anlage versichern willst.

ie haben viele nicht. Je mehr Wert aber dein Hausrat vom Fernseher is zum Laptop hat, umso mehr macht sie Sinn. Das Balkonkraftwerk eigert ihn nochmal um hunderte Euro.

uf energieasy.de/balkonkraftwerk-versichern/ findest du einen ergleichsrechner für Hausratversicherungen.

Technische Defekte sind nicht versichert

In der Hausratversicherung und der Wohngebäudeversicherung sind di jeweils vereinbarten Gefahren abgedeckt, beispielsweise Sturm- un Hagelschäden. Bei beiden Versicherungsverträgen lassen sich weiter Naturgefahren und Überspannungsschäden durch Blitz einschließen.

„Die Absicherung bei Diebstahl, Vandalismus und Graffiti kann in di Wohngebäudeversicherung mit aufgenommen werden“, sagt Corneli Flörcks von der R+V-Versicherung. Technische Defekte und darau folgende Ertragsausfälle sind ihr zufolge jedoch bei beide Versicherungen nicht abgedeckt.

Haftpflicht ersetzt Schäden Dritter

Die Haftpflichtversicherung springt ein, wenn anderen durch di Balkon-Solaranlage ein Schaden entsteht. Etwa wenn Teile der Anlag oder womöglich das ganze Modul herunterfallen, ein Auto beschädige ler gar jemanden verletzen. Hier ersetzt die 'ivathaftpflichtversicherung den Betroffenen den Schaden.)raussetzung ist laut HUK Coburg, dass die Anlage zu einer selbst :wohnten Immobilie gehört - ob Eigentum oder gemietet.

gentümerinnen und Eigentümer, die vermieten oder verpachten, önnen solche Fälle über die Haus- und Grundbesitzer-aftpflichtversicherung absichern.

ass die Minisolaranlage brennt, ist übrigens äußerst ıwahrscheinlich, sagen der TÜV und die Deutsche Gesellschaft für)nnenenergie. Dennoch: Wer sich eine Balkon-Solaranlage anschafft, ·llte sicherheitshalber rechtzeitig prüfen, ob solche Schäden undsätzlich mitversichert sind oder ob der bestehende Vertrag ısgeweitet werden muss.

FAQ - WICHTIGE FRAGEN IM ÜBERBLICK

Hier noch einmal wichtige Fragen, die dieser Ratgeber z Balkonkraftwerken behandelt, kompakt im Überblick.

Was kostet ein Balkonkraftwerk?

Ein Balkonkraftwerk kostet je nach Größe und Leistung zwischen 50 und 1.000 Euro. Seit Januar 2023 entfallen die 19 Prozen Mehrwertsteuer. Einige Bundesländer oder Kommunen fördern di Stecker-Solaranlagen mit einem Zuschuss zum Kaufpreis bzw erstatten einen Teil des Kaufbetrags auf Antrag zurück.

Wie funktioniert ein Balkonkraftwerk?

Balkonkraftwerke bestehen aus Photovoltaikmodulen, die auf ein Unterlage aus Aluminium oder Kunststoff montiert sind. Die Modul erzeugen Strom aus Sonnenlicht, der vom Wechselrichter i Wechselspannung umgewandelt und mit einem Stecker direkt in eigene Stromnetz des Haushalts eingespeist wird.

Wie viel Strom produziert ein Balkonkraftwerk?

Die übliche Anlagenleistung liegt bei 300 Watt oder 600 Watt. Zulässig sind derzeit maximal 600 Watt. Damit kann ein Durchschnittshaushalt unter optimalen Bedingungen etwa 600 Kilowattstunden im Jahr produzieren und bis zu 20 Prozent seines Stromverbrauchs decken. Können die Solarmodule mehr als 600 Watt produzieren, ist das nicht sinnlos oder illegal, sondern verhilft auch bei schlechterem Licht zu besserer Ausbeute. Der Wechselrichter lässt immer nur höchstens 600 Watt durch und hält so die Vorgaben ein.

Wie viel Geld spart ein Balkonkraftwerk?

Mit einer kleinen 300-Watt-Anlage sparst du bei Strompreisen von rund 35 Cent pro Kilowattstunde 50 bis 100 Euro im Jahr. Eine 600-Watt-Anlage kann rund 600 Kilowattstunden im Jahr schaffen und somit 150 bis 200 Euro im Jahr sparen. Beeinflussende Variablen sind vor allem der Strompreis, der Verbrauch und dessen Tageszeit sowie das Wetter.

Wie spare ich mit Balkonkraftwerk möglichst viel Geld?

Da das Balkonkraftwerk tagsüber Strom produziert, lasse Geräte wie Spülmaschine, Waschmaschine oder Warmwasserboiler in dieser Zeit laufen – nicht gleichzeitig, denn so viel Strom bringt dein Balkonkraftwerk nicht her. Geräte mit Timer kannst du auch so programmieren, dass sie tagsüber in deiner Abwesenheit laufen.

Für wen lohnt sich ein Balkonkraftwerk?

Vor allem, wenn dein Haushalt tagsüber bei Helligkeit Strom verbraucht, lohnt sich ein Balkonkraftwerk: Homeoffice, Werkzeuge,

Kühlschrank, Haushaltsgeräte. Bei hoher Grundlast, etwa bei einer Wärmepumpe und für ein Elektroauto – ist eine Dach-Photovoltaikanlage zu überlegen.
Ein Ein-Personen-Haushalt verschenkt eher mal erzeugten, aber überschüssigen Solarstrom ins öffentliche Netz, besonders im sonnigen Sommer.

Balkonkraftwerke sind nicht nur für Mieter relevant. In einer groß angelegten Umfrage der Hochschule für Technik und Wirtschaft Berlin (HTW Berlin) wurden 1.600 aktuelle und potenzielle Nutzer befragt. Dabei zeigte sich laut Joseph Bergner, Wissenschaftler und Mitautor der Studie: „Die meisten Steckersolargeräte werden auf dem Land im Einfamilienhaus genutzt.“ Steckersolar sei nicht selten eine Ergänzung zu einer bestehenden Solarstromanlage auf dem Dach.

Wann amortisiert sich ein Balkonkraftwerk?

Je besser die Ausrichtung zur Sonne, je höher die Strompreise, je mehr Stromverbrauch tagsüber, umso schneller amortisiert sich ein Balkonkraftwerk. Auf den Kaufpreis kommt es natürlich auch an, ob du die Kosten nach sechs bis acht Jahren oder erst nach zehn wieder wieder eingespielt hast. Dann aber läuft die Anlage mindestens nochmal so lange kostenlos weiter.

Muss ich den Strom der Balkon-Solaranlage sofort verbrauchen?

Ja, der erzeugte Strom will sofort verbraucht werden. Dauerverbraucher wie der Monitor im Homeoffice, Kühl- und Gefriergeräte, der WLAN-Router, Ladegeräte oder Geräte im Standby laufen während der Sonnenstunden bestenfalls kostenneutral.

Was ist ein geeigneter Ort für ein Balkonkraftwerk?

Eine Balkonsolaranlage kann mit Halterungen ohne großen Eingriff in ie Bausubstanz am Balkongeländer befestigt werden. Es gibt auch 'arianten, die mit einem Gestell auf Balkon oder Terrasse stehen. Ein 'lachdach oder der Garten können ebenfalls geeignete Stellflächen ein.

st für ein Balkonkraftwerk die Erlaubnis vom /ermieter nötig?

lieter können jederzeit auf ihrem Balkon oder ihrer Terrasse ein alkonkraftwerk aufstellen. Soll es an der Balkonaußenseite oder an er Fassade montiert werden, ist die Zustimmung des Vermieters nötig. benso, wenn die Stecker-Solaranlage auf Gemeinschaftsflächen tehen soll, etwa auf dem Rasen rund ums Haus.

lieter sollten sich am besten generell vorher mit dem Vermieter bstimmen, um Ärger zu vermeiden. Auch dann, wenn der Mietvertrag as Anbringen von Objekten am Balkongeländer nicht explizit erbietet. Der Vermieter kann Vorgaben machen, wie und wo du iontieren darfst.

Wie kann ich den Vermieter vom Balkonkraftwerk überzeugen?

Bestätige, dass du eine Haftpflicht hast und für sichere Installatio ohne Schäden sorgen wirst. Argumentiere mit den hohe Energiekosten, dem Beitrag zur Energiewende und dass di Balkonkraftwerke politisch erwünscht sind, was durch die Befreiun von der Mehrwertsteuer deutlich wird. Du kannst auch auf ein Urtei des Amtsgerichts Stuttgart verweisen (30. März 2021, Az. 27 C 2283/20), das einem Mieter im Streit um ein aufgestellte Balkonkraftwerk Recht gegeben hatte.

Muss die Eigentümergemeinschaft dem Balkonkraftwerk zustimmen?

Die Eigentümergemeinschaft kann mitreden, wenn du von auße sichtbare Solarmodule montieren willst. Da es um die Optik de Gebäudes geht, brauchst du die Zustimmung der andere Wohnungsbesitzer, etwa bei einer Eigentümerversammlung.
Auch dein Vermieter muss vor einer Genehmigung die Miteigentüme fragen, wenn ihm nicht das ganze Haus gehört. Sollte die Politik ei Recht auf ein Balkonkraftwerk einführen, darf di Eigentümergemeinschaft immer noch vorgeben, wo und wie e montiert werden darf.

Brauche ich einen Elektriker?

Für die Montage einer Balkon-Solaranlage brauchst du keine Elektriker. Die Verbindung mit dem Stromnetz geschieht einfach mi einem Stecker an einer Steckdose. Ob deine Heimwerker-Fähigkeite genügen, hängt von der geplanten Montage ab. Seit April 201 ermöglicht eine neue rechtliche Norm auch Laien, ihre Balkon Solaranlage anzumelden. Zuvor musste das ein Elektroinstallateu machen.

Velche Komponenten benötige ich für ein Balkonkraftwerk?

in Balkonkraftwerk besteht in der Regel aus ein oder zwei olarmodulen und einem Wechselrichter. Die Solarmodule fangen die onnenstrahlen auf und wandeln sie in Gleichstrom um. Der Vechselrichter macht den Gleichstrom zu Wechselstrom, der dann über n Steckerkabel in den Stromkreislauf des Haushalts eingespeist wird. oraussetzung ist ein Stromzähler mit sogenannter Rücklaufsperre.

Vie wird ein Balkonkraftwerk in Betrieb enommen?

in Balkonkraftwerk lässt sich relativ einfach auch von Laien nschließen. Zunächst werden die Solarmodule befestigt. Im Handel ndest du zu den Solarmodulen passende Halterungen für Hauswände, r Balkongeländer und zum Aufstellen im Garten oder auf aragendächern.
nschließend wird der Wechselrichter an das eigene Stromnetz ngeschlossen. In der Regel geht das über eine normale Schuko-eckdose. Die Anmeldung des Balkonkraftwerks bei der undesnetzagentur und beim Stromnetzbetreiber geht online.

Gibt es eine Förderung für Balkonkraftwerke?

nzelne Bundesländer und immer mehr Kommunen und Landkreise hlen einen Zuschuss für Balkon-Solaranlagen.

örder-Beispiele (aktuellen Stand bitte selbst erfragen!): 40 Cent örderung pro Watt Peak in München, 50 Prozent der nschaffungskosten (höchstens 600 Euro) in Düsseldorf, 25 Prozent er Kosten in Jena, maximal 200 Euro. Entweder musst du die echnung einreichen oder die Förderung vor dem Kauf beantragen.
er Bund fördert Balkonkraftwerke dadurch, dass er sie von der ehrwertsteuer befreit hat. Ratsam ist deswegen, auch gleich das ubehör und Befestigungsmaterial mitzubestellen.

Kann ich Strom vom Balkonkraftwerk verkaufen?

Wenn dein Balkonkraftwerk mehr Strom produziert als du gerac verbrauchst, fließt er ins öffentliche Stromnetz. Eine vergüte Einspeisung kannst du aber nicht erwarten. Die Bezahlung per EEC Förderung samt ihrer Vorschriften lohnt sich nicht. Eingespeister Stro wird nicht gemessen – was dein Zähler bei Bezahlung tun müsste un Kosten verursacht.

Ist ein Balkonkraftwerk gefährlich?

Die Deutsche Gesellschaft für Sonnenenergie, die ein Qualitätssieg für Balkonkraftwerke vergibt, betont: Weder kannst du einen Schla am Stecker deines Balkonkraftwerkes bekommen, noch beste Brandgefahr.

Achte auf das DGS-Siegel, dann entspricht die Anlage den nötige Normen. Wenn du den Stecker aus der Steckdose ziehst, trennt de Wechselrichter blitzschnell die Spannung am Stecker.

Kann ein Balkonkraftwerk einen Brand auslösen?

Eine normgerechte Elektroinstallation kann laut Deutscher Gesellscha für Sonnenenergie nicht durch ein Balkonkraftwerk überlastet werde Dafür reicht dessen Energie nicht aus. Bei älteren Installationen m Schraubsicherungen ist aber Wartung wichtig. Auch der Verband de Elektrotechnik Elektronik Informationstechnik (VDE) sieht „b Einhaltung einer normgerechten Inbetriebsetzung der steckerfertige PV-Anlage“ keine Brandgefahr.

Warum ist ein Balkonkraftwerk sinnvoll?

Mit den Solarmodulen am Balkon, auf der Terrasse, im Garten oder au dem Garagendach kann man den Strombezug vom Energieversorg reduzieren und so langfristig Geld sparen. Außerdem leistet man einen Beitrag zum Klimaschutz, da der Strom aus erneuerbaren Energien stammt und somit keine CO2-Emissionen verursacht.

Wie werden Balkonkraftwerke noch genannt?

Balkonkraftwerke sind auch als Steckersolaranlage, steckerfertige PV-Anlage, Mini-PV, Balkon-PV, Balkon-Solaranlage, Guerilla-PV, PV-Steckeranlage oder Plug-and-Play-PV bekannt.

Kann ich ein größeres Balkonkraftwerk mit über 600 Watt betreiben?

Wenn du die bislang zulässige Leistung von 600 Watt überschreitest, gelten die vereinfachten Bedingungen für Installation und Betrieb des Balkonkraftwerks nicht mehr. Du kannst eine stärkere Anlage nicht selbst installieren und anmelden, sondern brauchst einen Elektriker.

Wo muss ich das Balkonkraftwerk anmelden?

Du musst dein Balkonkraftwerk im Marktstammdatenregister der Bundesnetzagentur und bislang noch beim Stromnetzbetreiber anmelden. Die Bundesnetzagentur hat dafür ein Online-Portal, Netzbetreiber haben das häufig auch. Du bist dazu verpflichtet.

Wie robust ist ein Balkonkraftwerk?

Balkonkraftwerke halten durchaus 20 Jahre und länger. Auch im Winter bei Eis und Schnee können die Mini-Photovoltaikanlagen bedenkenlos draußen bleiben.

Wo kann ich ein Balkonkraftwerk kaufen?

Balkonkraftwerk-Komplettsets mit Solarmodulen, Wechselrichter, Kabel und Halterung kannst du online kaufen, auch Baumärkte und Elektronikmärkte haben sie im Angebot. Die Komponenten kannst du auch einzeln bestellen oder kaufen. Wichtig ist, dass sie aufeinander abgestimmt sind.

Wie weiß ich, wie viel Strom das Balkonkraftwerk produziert?

Da dein überschüssiger Strom, den du ins Netz einspeist, nicht bezahlt wird, wird er auch nicht gemessen. Du kannst aber zwischen Balkonkraftwerk und Steckdose ein Strommessgerät stecken und erfährst so die Leistung. Alternative: Ein Wechselrichter mit WLAN, der die Daten an eine App weitergibt.

NEUES GESETZ: DAS SIND DIE ÄNDERUNGEN

Das Solarpaket I, das die Bundesregierung beschlossen hat, bringt für 3alkonkraftwerke mehr Leistung und weniger Bürokratie. Die Anmeldung beim Netzbetreiber soll wegfallen, auch der Betrieb mit ilteren Stromzählern soll erlaubt werden. Außerdem wird die zulässige Leistungsgrenze von 600 auf 800 Watt erhöht. Die Zustimmung von Vermieter und Eigentümergemeinschaft aber bleibt nötig. Das Parlament muss den neuen Regeln noch zustimmen, so dass sie voraussichtlich 2024 in Kraft treten.

n einem "Gesetz zur Steigerung des Ausbaus photovoltaischer Energieerzeugung" - oder kurz "Solarpaket I" - formuliert die Bundesregierung weitere Maßnahmen, die den Ausbau der Photovoltaik beschleunigen und steigern sollen. Die "Teilhabe an der Energiewende" soll einfacher werden. Die Bundesregierung verspricht ich einiges davon: "Es wird von einem mittleren
Zubau von 200.000 Steckersolargeräten jährlich ausgegangen", heißt es n Referentenentwurf für das neue Gesetz.

Anmeldung wird vereinfacht

Wer ein Balkonkraftwerk installiert, soll es nur noch im Marktstammdatenregister der Bundesnetzagentur anmelden müssen. Die Anmeldung beim Netzbetreiber soll entfallen. Außerdem wird die Marktstammdatenregistermeldung vereinfacht.

Mehr Leistung erlaubt

Statt wie bisher bei 600 Watt soll die maximal erlaubte Leistung von Balkonkraftwerken künftig bei 800 Watt liegen.

Im Erneuerbare Energien Gesetz (EEG) wird ein neuer Absatz in §8 eingefügt:

> „(5a)Ein oder mehrere Steckersolargeräte mit einer installierten Leistung von
>
> insgesamt bis zu 2 Kilowatt und einer Wechselrichterleistung von insgesamt bis zu 800 Voltampere, die hinter der Entnahmestelle eines Letztverbrauchers betrieben werden und der unentgeltlichen Abnahme zugeordnet werden, können unter Einhaltung der für die Ausführung eines Netzanschlusses maßgeblichen Regelungen angeschlossen werden. Registrierungspflichten nach der Marktstammdatenregisterverordnung bleiben unberührt; zusätzliche Meldungen von Anlagen nach Satz 1 beim Netzbetreiber dürfen nicht verlangt werden.“

Es ist aber nicht möglich, die Regelung mit der Installation von mehreren Balkonkraftwerken zu unterlaufen. Deren Leistung würde in so einem Fall zusammengefasst, "da mehrere Anlagen unterhalb der Schwellenwerte, die diese gemeinsam überschreiten, die gleichen Netzwirkungen haben wie eine große Anlage, die alleine die Schwellenwerte überschreitet", wie es im Referentenentwurf heißt.

ben jedoch mehrere Bewohner desselben Hauses jeweils ein lkonkraftwerk installiert, werden diese nicht zusammengefasst. Sie d ja mit unterschiedlichen Haushalten verbunden - werden also icht hinter demselben Netzverknüpfungspunkt betrieben".

etrieb auch mit älterem Zähler erlaubt

n Balkonkraftwerk darf auch dann ans heimische Stromnetz gehen, enn der Haushalt noch keinen modernen Stromzähler hat. Bislang ırde es als Vergehen ausgelegt, wenn sich ein älterer Stromzähler fgrund des eingespeisten Stroms rückwärts dreht. Dieser Absatz soll u ins EEG hinzugefügt werden:

> "Steckersolargeräte im Sinn von § 8 Absatz 5a dürfen an der Entnahmestelle eines Letztverbrauchers bereits vor dem Einbau einer modernen Messeinrichtung als Zweirichtungszähler oder eines intelligenten Messsystems mit einer bereits vorhandenen Messeinrichtung betrieben werden."

ı musst den modernen Stromzähler übrigens nicht selbst beantragen. ie Bundesnetzagentur, bei der du dein Balkonkraftwerk ja weiterhin melden musst, gibt dem Stromnetzbetreiber Bescheid. Er dann hat ınftig die Pflicht, innerhalb von vier Monaten die Daten zu prüfen, e du im Marktstammdatenregister eingetragen hast und dir eine odernen Messeinrichtung einzubauen. Das wäre ein veirichtungszähler oder ein intelligentes Messsystem.

NOTIZEN

NOTIZEN

NOTIZEN

NOTIZEN

IMPRESSUM

Marcel Kehrer
energieasy.de
Georg-Friedrich-Händel-Str. 10A
92442 Wackersdorf

mail@energieasy.de

Dieses Buch enthält Links zu Internetseiten Dritter. Auf deren Inhalte haben wir keinen Einfluss und übernehmen daher keine Gewähr für deren Inhalte, mögliche Änderungen oder Auffindbarkeit. Für die Inhalte verlinkter Seiten ist der jeweilige Seitenbetreiber verantwortlich.

Printed in Great Britain
by Amazon

32977870R00056